U0297037

外部扰动下半导体环形激光器的非线性动力学特性及应用

张定梅 ◎ 著

西南交通大学出版社
·成 都·

图书在版编目（CIP）数据

外部扰动下半导体环形激光器的非线性动力学特性及应用 / 张定梅著. -- 成都 ： 西南交通大学出版社，2025. 1. -- ISBN 978-7-5774-0251-2

Ⅰ. TN248.4

中国国家版本馆 CIP 数据核字第 202440UR07 号

Waibu Raodong xia Bandaoti Huanxing Jiguangqi de Feixianxing Donglixue Texing ji Yingyong

外部扰动下半导体环形激光器的非线性动力学特性及应用

张定梅　著

策 划 编 辑	郭发仔
责 任 编 辑	赵永铭
封 面 设 计	墨创文化
出 版 发 行	西南交通大学出版社 （四川省成都市金牛区二环路北一段 111 号 西南交通大学创新大厦 21 楼）
营销部电话	028-87600564　028-87600533
邮 政 编 码	610031
网　　　址	http://www.xnjdcbs.com
印　　　刷	成都勤德印务有限公司
成 品 尺 寸	170 mm × 230 mm
印　　　张	10
字　　　数	152 千
版　　　次	2025 年 1 月第 1 版
印　　　次	2025 年 1 月第 1 次
书　　　号	ISBN 978-7-5774-0251-2
定　　　价	49.00 元

　　半导体环形激光器（SRL）是一种特殊结构的激光器，由于特殊的环形谐振腔结构，它可以同时输出两个反向的模式，即顺时针模式（CW）和逆时针模式（CCW），并且由于腔内没有反射面，使得它成为光子集成电路的重要器件。现有研究表明，SRL 的两个模式在外部扰动下能产生单周期、多周期、低频反相波动、双稳以及混沌等非线性动力学行为。围绕这些动力学特性的研究不仅为 SRL 在随机数产生、混沌保密通信、全光开关、混沌雷达及全光信息转换等相关技术领域的应用开辟了新的途径，还对理解这些系统中非线性动力学产生的物理机制以及改善此类激光器器件的系统性能都具有非常重要的现实意义。基于此，本书针对 SRL 在外部光注入和反馈下的非线性动力学特性及其在混沌保密通信中的应用进行了系统地研究，旨在深入剖析外部扰动下 SRL 系统所呈现的各类动力学特征及内在的物理机理，探寻控制 SRL 产生非线性动力学的方法，拓展 SRL 在混沌保密通信中的应用。研究内容及结论如下：

　　（1）研究了 SRL 在外部交叉光反馈和相位共轭交叉光反馈情况下的非线性动力学特性，得到了最大带宽为 3.7 GHz 的混沌，并通过恰当调节反馈强度，混沌信号的时延特征（TDS）可以被较好的抑制。

　　（2）提出了基于两个 SRL 互耦合和交叉耦合产生高质量混沌光信号的方案，通过大范围扫描注入参数，可得到带宽最大为 16.0 GHz 并且具有较低的时延特征的混沌信号。

　　（3）为了有效抑制混沌信号的 TDS，提出了一种基于 SRL 滤波光反馈的结构，发现滤波光反馈能有效消除由于外腔反馈延迟时间引起的 TDS。

（4）构建了一种利用两个单向耦合的 SRL 进行混沌同步的系统，通过绘制二维空间映射图，可以确定同步系数在 0.9 以上的高质量混沌同步区域。

（5）提出了一种基于 3 个 SRL 进行双路混沌通信的方案，研究表明当距离增加到 130 km 时，品质因子依然保持在 6 以上，可以进行长距离双通道安全保密通信。

本书由张定梅副教授负责编写、审核。在本书的编写过程中，感谢荆楚理工学院蒋再富副教授、黄兴奎教授在整个研究期间提供的帮助，同时对本书所引用的主要参考文献的原作者也一并致谢。

最后，感谢湖北省自然科学基金项目（2022CFB527）、湖北省教育厅科学技术研究计划指导性项目（B2023227）、湖北省高等教育协会学会共同体建设重点项目（2022XD71）、荆楚理工学院校级科研项目（YY202207，YB202212，QN202312）等对本书数据计算和出版的支持。由于作者的学术水平和视野所限，书中难免存在不足之处，恳请广大读者批评指正。

编　者

2024 年 8 月

目 录
CONTENTS

1 绪 论

1.1 引　言

非线性光学的发展推动着物理学科的进步，特别是激光器的诞生丰富了非线性光学的内容[1]。近年来，基于半导体激光器，人们对光的非线性现象进行了研究，发现了光倍频、受激拉曼散射光学、光学科尔效应、双光子吸收、光学参量放大与振荡、光自制行为、光学双稳等一系列效应。目前，非线性光学已经应用到了工程实际中[1-4]。例如，利用光倍频和受激拉曼散射可产生新频率相干辐射；利用非线性饱和吸收可实现 Q 开关和锁模元件；利用非线性效应中的光束位相共轭特性可提高光束质量和进行光学信息处理；利用折射率随光强变化的特性做成各种双稳器件和光学标准具；利用双光子吸收效应可实现高精度光谱测量和荧光显微镜；利用激光的光自制效应可实现 Z 扫描和科尔锁模[1-7]。此外，非线性光学在集成光学、光控化学反应、激光光谱学、光学计算机、光电子学等方面都有着重要的作用。

非线性光学的快速发展与激光技术的进步密切相关，激光是人类的重大发明之一，自 1960 年第一台红宝石激光器诞生以来，激光的理论与应用研究有了极大的发展，并且对人类科技生活产生了深刻的影响。目前激光技术已经延伸到现代制造业、农业、航空、医疗、信息、国防、智能装备和科学技术中的各个领域，特别是在信息产业中的大量应用更是信息时代到来的主要原动力。近年来，随着激光器加工工艺的提升和材料科学的发展，激光器的尺寸已由最初的厘米数量级降低到了微米甚至纳米数量级，而更小的尺寸将有利于激光器的片上集成。此外，激光器的类型也由最开始红宝石激光器增加到了染料激光器、光纤型激光器、气体激光器、固体激光器和半导体激光器（Semiconductor Laser，SL）等。

SL 是一种典型的非线性光学器件，它有着体积小、制作成本低、调制速率快、转换效率高、使用寿命长等特点[8-10]。得益于其特殊的腔体结构和较大的有源区增益，SL 产生的非线性光学效应比较显著[11-13]。由于 SL 的极化弛豫时间远小于电场和载流子的弛豫时间，因此 SL 属于 B 类激光器[14, 15]。B 类激光器的特点是，在自由运行的情况下，SL 输出的是稳定光信号。但是当 SL 在外部扰动下时会产生丰富的非线性动力学行为。大量的研究表明，当 SL 在外腔光反馈的作用下时，由于腔内弛豫振荡频率和外腔频的竞争，SL 能够产生周期性的脉冲、准周期动力学、低频功率波动、规则脉冲包和混沌动力学[16-22]。当 SL 引入外部光注入后，在外部光信号与腔内载流子相互作用下，SL 能产生注入锁定、周期态、混沌、光开关、双稳、光梳和频率梳等非线性动力学效应[23-29]。除了光反馈和光注入，光电反馈也是一种有效的扰动方式。当 SL 系统引入光电反馈后，反馈信号会变成电流信号来扰动激光器，会使 SL 产生脉冲振荡、混沌、锁定、频率双稳、动态多稳等非线性动力学现象[30-36]。此外，这些动力学行为也具有较大的实际应用价值。例如，混沌动力学由于具有高度的无序性和大的带宽，可应用于随机比特数产生、混沌雷达、混沌保密通信和储备池计算中[37-42]。而光注入下产生的单周期振荡可用来产生光子微波信号，这种方式产生的微波信号具有好的频率可调性、近似单边带的光谱结构、大的调制深度和较低的设备成本等优点[43]。

SL 按照其腔体结构划分可分为垂直腔面发射（VCSEL）激光器、分布式反馈（DFB）激光器以及具有异型结构的量子点激光器（QDL）、半导体环形激光器（SRL）。目前关于各种结构的半导体激光器在外部扰动下的非线性动力学特性都有报道。

1.2　VCSEL 在外部扰动下的非线性动力学

2007 年，CHROSTOWSKI 等人实验研究了 VCSEL 在外部光注入下调制带宽增强的现象，如图 1-1 所示，主激光器是一台 DFB 激光器，DFB 激光器的输出光注入从 VCSEL 中，并且适当调节注入参数使得 VCSEL 被注入锁定。VCSEL 的输出光分成两束，一束进入光谱分析仪进行光谱分析，一束经光电探测器转化为电信号后进入矢量分析仪进行分析。研究发现，经过深度注入锁定，VCSEL 的调制带宽可以由 10 GHz 增加到 60 GHz，使用注入锁定来增加激光谐振频率，再加上低噪声 VCSEL 设计，获得了超过 40 GHz 的 3 dB 带宽，这是当年报道的直接调制 VCSEL 的最好的性能。此外，实验首次观测到双谐振频率响应，并用双偏振模注入锁定速率方程模型进行了解释[44]。

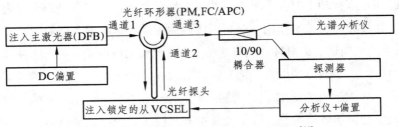

图 1-1　VCSEL 在外光注入下的示意图[44]

2010 年，XIANG 等人利用两个 VCSEL 构建了产生随机性增强的混沌产生系统，具体如图 1-2 所示，其中主 VCSEL 在可变极化光反馈的作用下进入混沌态，然后将此光以极化保持的状态注入到从 VCSEL 中，并利用排列熵量化了输出混沌信号的随机性。结果表明，通过合理选择反馈和注入参数，从 VCSEL 中混沌信号的随机性比主 VCSEL 中混沌信号的随机性有显著提高[45]。在正频率失谐情况下混沌信号的随机性进一步增强。此外，当反馈延迟与注入延迟时间相同时，混沌信号的随机性增强的不明显。

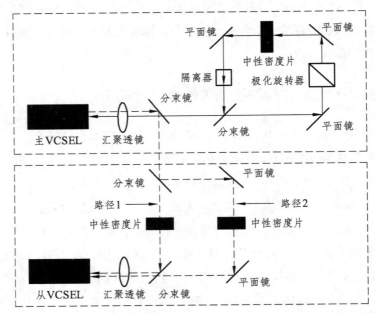

图 1-2　XIANG 等人提出的基于两个 VCSEL 的混沌信号获取方案[45]

　　2012 年，曹等人研究了 VCSEL 在光注入和光电反馈的联合作用下的动力学情况，如图 1-3 所示，发现两个线偏振模式可呈现出周期、倍周期、多周期、混沌等丰富的动力学状态，并且两个模式的动力学演化存在差异。产生混沌信号的带宽可以通过合理选择反馈强度和注入强度来实现。

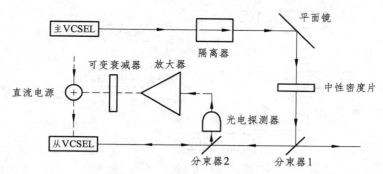

图 1-3　VCSEL 在光注入和光电反馈作用下的示意图[46]

　　2014 年，XIAO 等人提出了利用多个 VSCEL 实现混沌同步的方案，并对其混沌同步性能进行了研究，如图 1-4 所示。研究结果表明，利用驱动垂直腔面发射激光器（D-VCSEL）的带宽增强混沌信号（约 42 GHz 带宽）驱动宽带混沌网络中的所有响应 VCSEL（R-VCSEL），在最佳注入参数下，可以获得任意两个 R-VCSEL 中两个对应的线性极化（LP）模式之间超过 30 GHz 带宽的高质量混沌同步，而 D-VCSEL 和 R-VCSEL 之间的相关系数较低。将两种 LP 模式作为两种不同的通信信道，这种混沌网络可能具有基于具有几吉赫兹弛豫振荡频率的 VCSEL 实现 60 GHz 以上大容量秘密通信的潜力[47]。

　　2013 年，ADAMS 课题组研究了任意极化光注入 VCSEL 的动力学，如图 1-5 所示，通过调节不同的注入极化角，VCSEL 表现出了注入锁定、单周期、倍周期、三周期以及混沌态。此外，他们利用强光注入可以有效控制VCSEL 的偏转输出[48]。

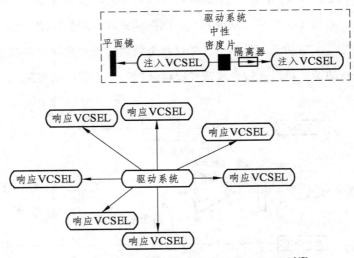

图 1-4　基于多个 VCSEL 的混沌同步示意图[47]

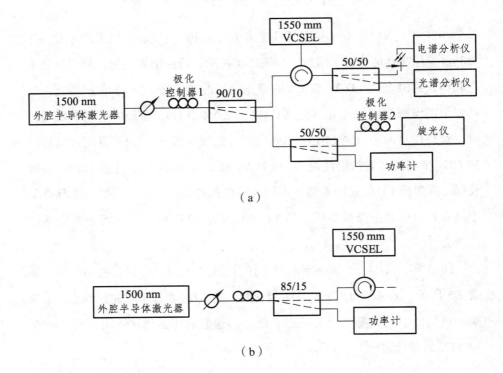

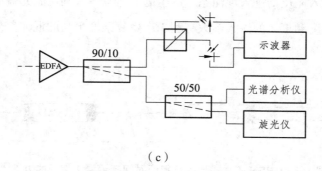

（c）

图 1-5 Adams 等人提出的光注入 VCSEL 非线性动力学示意图[48]

2015 年，HONG 等人基于 VCSEL 和光纤环形谐振腔获取了宽带宽的混沌信号，如图 1-6 所示，VCSEL 输出的光经过两路反馈回了腔内，其中第一路反馈由普通镜面提供光反馈，第二路由光纤环形谐振腔提供光反馈，研究发现输出混沌光的带宽对光栅频率和激光器频率之间的失谐比较敏感，并且半导体光放大器（SOA）的偏置电流对带宽的影响也较大，通过优化反馈参数，相对于普通光反馈，环形腔光反馈可增加带宽 14 倍以上[49]。

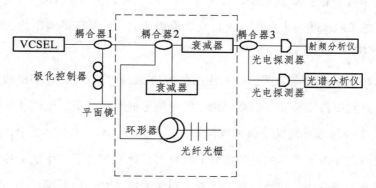

图 1-6 HONG 等人提出的基于 VCSEL 的带宽增强的混沌信号获取方案[49]

2018 年，CHEN 等人提出了利用两个垂直腔表面发射激光器产生混沌信号的方案，并用排列熵量化了混沌的信号的复杂度，如图 1-7 所示。其中，主激光器引入光反馈进入混沌态，产生的混沌态注入到从激光器中，发现更小的反馈强度和更大的注入系数有利于产生复杂度更高的混沌信号[50]。

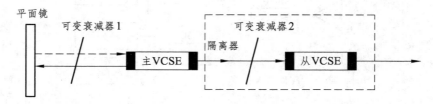

图 1-7　CHEN 等人提出的获得低时间延迟混沌信号的方法[50]

　　2018 年，TANG 等人实验演示了在混沌光学注入下，利用垂直腔表面发射激光器（VCSEL）中两个线性偏振模的混沌输出产生多通道物理随机比特（PRB）如图 1-8 所示。其中偏振分辨的混沌信号由主 VCSEL 经过光反馈获得，然后注入到从 VCSEL 中，以驱动其两个线性偏振模式进入混沌状态。分析了注入参数对双通道混沌信号的带宽、复杂度和相关性的影响。利用参数优化下的从 VCSEL 输出的两个混沌信号作为熵源，采用 m 个最小符号位提取和逻辑异或（XOR）后处理，获得了 160 Gb/s 双通道速率下的 PRB。进一步利用 n 比特交叉合并方法，可以获得速率为 320 Gb/s 的 PRB[51]。

　　2020 年，CAI 等人提出了利用两个 VCSEL 产生双路物理随机数的实验方案，并利用自相关和互信息识别了混沌信号的时延特征。如图 1-9 所示，VCSEL-2 在滤波光反馈下进入混沌态，混沌光注入到 VCSEL-2 中，研究发现，滤波光反馈下产生的混沌信号的时延特征比互耦合下产生的混沌信号的时延特征要弱一些。此外，对于此外，对于滤波 VCSEL 系统，当 VCSELs 偏振分量位于 FBG 主瓣边缘时，时延特征特征可以被抑制到 0.1 以下。此外，利用滤波 VCSEL 系统中两个 VCSREL 的低时延混沌输出，实现了具有 800 Gbps 随机性的双通道物理随机数[52]。

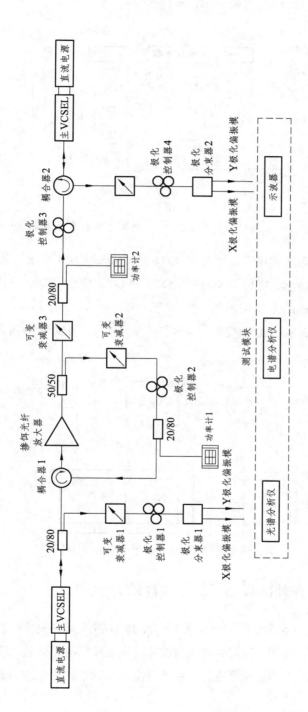

图 1-8 TANG 等人提出的基于 VCSEL 产生高速随机数的方案[51]

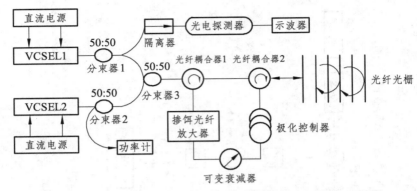

图 1-9　Cai 等人提出的基于 VCSEL 的物理随机数产生方案[52]

2022 年，肖等人利用带有可饱和吸收的 VCSEL 实现了可重构的光电逻辑门，如图 1-10 所示，实现了 NOT，NAND，NOR，XOR 等功能，并数值研究了产生的 Spiking 的动力学特性，研究发现，在合适的电流下和注入参数下，光电逻辑门可以实现。通过改变电流信号并移除光注入，可实现 XOR 门[53]。

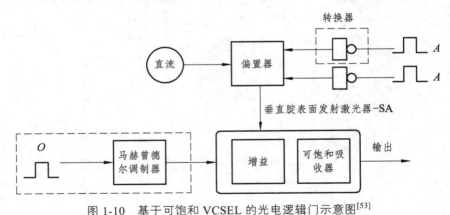

图 1-10　基于可饱和 VCSEL 的光电逻辑门示意图[53]

1.3　DFB 在外部扰动下的非线性动力学

2009 年，LIN 等人提出了利用脉冲注入 DFB 激光器研究非线性动力学的方案，如图 1-11 所示。他们发现通过改变注入强度，激光器通过不同的倍周期路线进入混沌脉冲态和混沌态。并且混沌脉冲的带宽比混沌态的带宽要高四倍以上。此外，频率锁定态也被观察到了，振荡频率的比率和重复频率也进行了研究[54]。

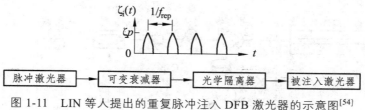

图 1-11　LIN 等人提出的重复脉冲注入 DFB 激光器的示意图[54]

2014 年，XIANG 等人 DFB 和相位调制的双路径双反馈获得了低时延特征的混沌信号，如图 1-12 所示，激光器的输出光经相位调制后经两路反馈回腔内，考查了反馈强度、反馈延迟、调制深度和调制频率对混沌时延特征的影响。研究表明，在强光反馈的作用下，调制频率接近驰豫振荡频率的时候强的光反馈有利于消除时延特征。并且还研究了双反馈的影响，发现双反馈更有利于消除时延特征[55]。

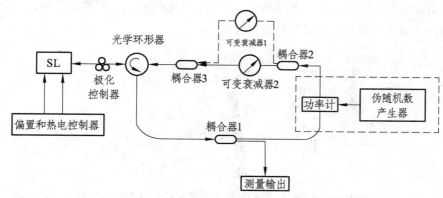

图 1-12　XIANG 等人提出的局域 DFB 的
相位调制的双路径反馈产生混沌信号方案[55]

2015 年，LU 等人提出了利用 DFB 激光器的光电反馈实现可调光电振子的方案，具体实验图如图 1-13 所示。双模 DFB 激光器的输出光经过马赫曾德尔调制器调制后反馈回腔内，调制电信号由 DFB 产生的光信号经光电探测器转换而来。通过调节注入电流，微波的频率可以在 32 到 41 GHz 之间任意调节，单边带相位可以降到-97 dBc/Hz @ 10 kHz[56]。

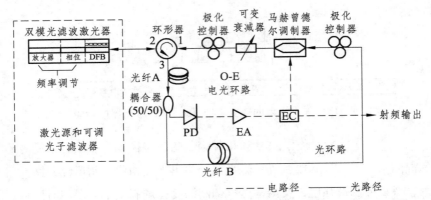

图 1-13   LU 等人提出的利用 DFB 激光器实现可调光电振子的方案[56]

2017 年，MERCIER 等人实验研究了 DFB 激光器在相位共轭镜作用下的非线性动力学，如图 1-14 所示，发现通过适当调节反馈参数，激光器可以表现出欠阻尼的驰豫振荡、准周期态、混沌和外腔模的高次谐波振荡态，整个动力学演化过程经历了霍普分叉过程[57]。

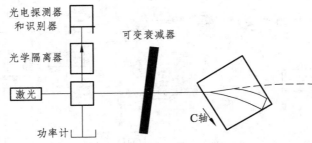

图 1-14   MERCIER 等人提出的利用 DFB 激光器和相位共轭镜研究动力学的方案[57]

2019 年，Wang 等人提出了利用互耦合 DBF 产生物理随机数的方案，如图 1-15 所示，通过引入辅助光纤布拉格光栅（FBG）滤波到注入光路中，实验实现了在两个互耦半导体激光器中产生具有抑制时延特征和混沌信号，并产生了和物理随机比特。实验结果表明，与传统的互耦合系统相比，即使通过简单地添加单个 FBG，此方案中两个激光器产生的混沌信号的 TDS 可以更好地隐藏。此外，在波长较短的激光中，可以实现较好的 TDS 抑制效果。该方案中，从两个混沌激光中提取的两个随机比特流以最小的输出处理实现，总生成速率达到 640 Gb/s[58]。

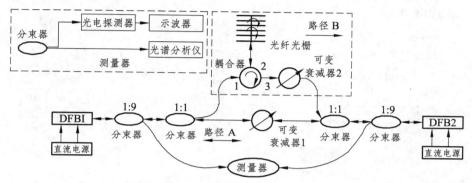

图 1-15　Wang 提出的利用两个互耦合半导体激光器产生随机数的方案[58]

2020 年，JIANG 等人研究了相位共轭光反馈下两个 DFB 激光器的互注入同步情况。如图 1-16 所示，主从激光器在相位共轭镜的作用下进入混沌态，然后进行互注入同步。分析了注入锁定的一般条件，研究了注入锁定混沌同步分别在相位同步和强度同步的特性，频率失谐和本征参数失配对注入锁定混沌同步的影响，以及闭环系统中基于注入锁定混沌同步的通信性能。研究表明，相对于传统的光反馈场景，此结构的注入锁定混沌同步具有更宽的高质量同步区域和良好的可行性，混沌通信性能也得到了提高[59]。

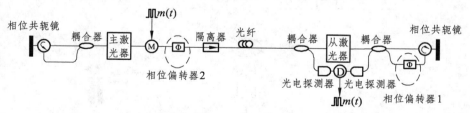

图 1-16　JIANG 等人提出的基于两个激光器的同步方案[59]

2022 年，WANG 等人实验研究了半导体微腔激光器在频率梳注入下的非线性动力学行为，如图 1-17 所示。在一定参数条件下，由于无阻尼的弛豫振荡，微腔激光器被谐波锁定在梳间距的单位分数上，从而产生了频率间隔减小的额外梳线。通过绘制不同锁定状态下的稳定性图，表明锁定区域与弛豫振荡密切相关。梳状注入后光谱明显展宽，梳状线数由 3 条增加到 13 条。由于微腔激光器的调制带宽大，通过改变注入参数可以在较大范围内定制梳状线和频率间距[60]。

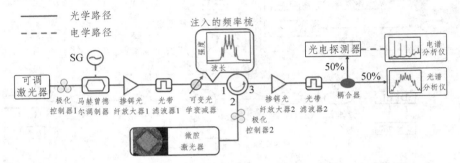

图 1-17　半导体微腔激光器在频率梳注入下的实验结构示意图[60]

2022 年，张等人提出了利用两个半导体 DFB 激光器获取低时间延迟、宽带宽混沌信号的方案，如图 1-18 所示，主 DFB 在光反馈的作用下进入混沌态，然后将混沌光子注入带有两个滤波光反馈的从激光器中，研究了注入参数、反馈参数、滤波带宽对混沌时间特性的影响，发现较大的注入参数可以显著增加输出混沌的带宽，并且通过优化参数，混沌信号的时延特征可以有效抑制[61]。

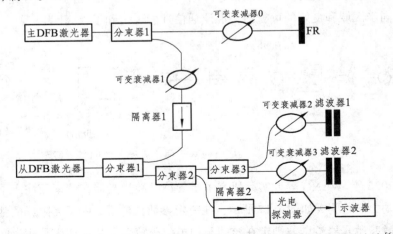

图 1-18　张等人提出的利用两个 DFB 激光器获取高质量混沌信号的方案[61]

2023 年 XU 等人提出了一种基于光电混合反馈的半导体激光器低时延混沌信号生成方法,如图 1-19 所示。利用啁啾光纤布拉格光栅(CFBG)提供分布式反馈,从半导体激光器产生低时间延迟的混沌信号。在微波光子链路提供的非线性光电反馈的帮助下,有效地抑制了激光器中的弛豫振荡效应,大大减弱了振荡的周期性。从而进一步抑制了半导体激光器产生的混沌信号的时延特征,增大了有效带宽。实验中,使用色散系数为 22.33 ps/nm 的 CFBG产生了有效带宽为 12.93 GHz、排列熵(PE)为 0.998 3、时延特征为 0.04 的混沌信号。该时延特征值与在色散系数为 2 000 ps/nm 的 CFBG 中仅依赖分布反馈的方案所获得的时延特征值处于同一水平[62]。

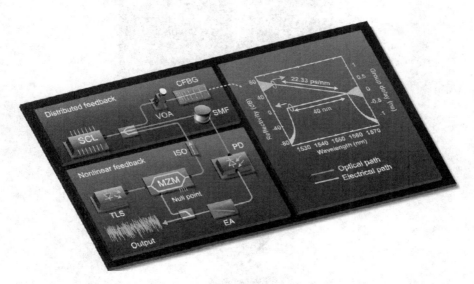

图 1-19　XU 等人提出的基于 DFB 激光器的
光反馈产生低时延特征混沌信号的方案[62]

1.4　QDL 在外部扰动下的非线性动力学

2011 年,B. KELLEHER 等人研究了外部光注入下量子阱激光器(QWL)和 GS-QDL 的兴奋性及动力学演化的区别[63]。如图 1-20 所示,对于 QWL,

可以观察到单周期（P1）、倍周期（P2）和混沌等丰富的非线性动力学，此外还存在鞍点分岔、霍普分岔和倍周期分岔等复杂的动力学演化路径。但对于 GS-QDL 只显示非常简单的脉冲轨迹。理论研究表明，锁定边界内的同宿齿诱导多脉冲兴奋性通常与锁定边界外的混沌区域相关联，QDL 的大的弛豫振荡阻尼导致了这些混沌区域和相关的多脉冲兴奋性的消失。

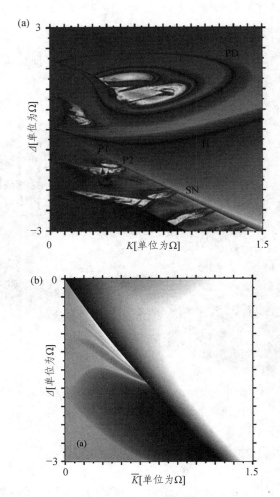

图 1-20　外光注入下（a）QWL 和（b）GS-QDL 输出的动力学态的分布图[63]

2013 年，M. VIRTE 等人理论研究了双态辐射的 QDL 在外腔光反馈下的动力学[64]。如图 1-21 所示，随着归一化的反馈系数增加，QDL 经历了一系列包括稳态、外腔模式振荡、自脉冲和混沌的分岔过程。此外他们还发现了两个有趣的模式竞争结果。首先，光反馈有利于 GS 辐射，因此反馈强度的增加通常会导致 GS 输出功率的增加。其次，光反馈可以根据反馈强度和注入电流在不同稳态之间选择一个辐射态或者直接诱导双稳开关。次年，该团队实验上研究了光反馈下 QDL 中 GS 和 ES 之间的开关现象[65]。研究发现即使自由运行的双态 QDL 仅从 ES 发射，通过光反馈可触发 GS 的发射。由于外腔长度的变化，可观察到在亚微米尺度上两种辐射状态之间发生了反复但不完全的开关，切换过程如图 1-22 所示。此外，他们利用非同步的电子和空穴动力学模型的很好地再现了实验观测到的现象，并揭示出反馈相位改变时 GS 和 ES 增益差的变化是出现态开关的潜在物理原因。

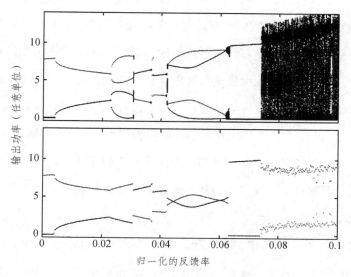

图 1-21　双态 QDL 在光反馈下的分岔图，
（图中虚线代表 GS，粗实线代表 ES，细实线代表总功率）[64]

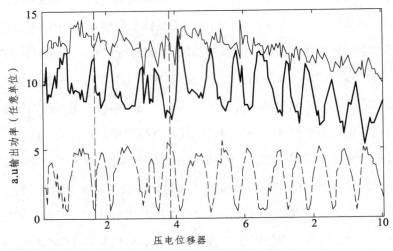

图 1-22　双态 QDL 在光反馈下的开关现象
（图中虚线代表 GS，粗实线代表 ES，细实线代表总功率）[65]

2014 年，B. LINGNAU 等人利用十变量的理论模型研究了 GS-QDL 中的振幅-相位耦合对载流子散射时间尺度的依赖性，并讨论了光注下的分岔动力学，模型考虑了电子和空穴的散射速率的差别[66]。研究发现，GS-QDL 中的载流子散射过程会影响弛豫振荡参数以及频率啁啾，进而影响激光器的调制性能及其对光学扰动的反应。因此，可以通过控制载流子散射时间来优化激光器的性能。此外，如图 1-23 所示，在外部光注下，GS-QDL 能产生锁定态、单周期、倍周期、三周期、四周期和混沌等丰富的非线性动力学行为，但是混沌区域的面积较小，发现采用基于微观的平衡方程和直接利用线宽增强因子 α 得到的结果基本一致。

2014 年，B. TYKALEWICZ 等人报道了双态 QDL 在脉冲光注下可产生光学开关的现象。其中，双态 QDL 工作在 ES 辐射的状态，注入光的频率靠近 GS 的辐射频率[67]。注入光脉冲的重复频率为 1 MHz，脉冲宽度为 100 ns。

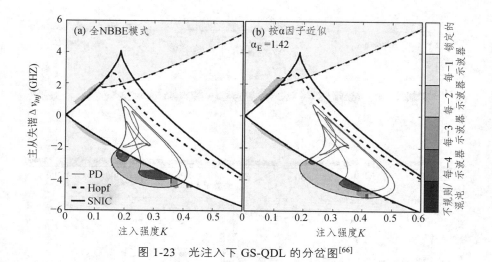

图 1-23　光注入下 GS-QDL 的分岔图[66]

如图 1-24 所示，实验测得的态抑制比可超过 40 dB，开关时间可低至几百皮秒。双态 QDL 的高弛豫振荡阻尼在实现这些极快的开关时间方面起着重要的作用，表明双态 QDL 是全光开关好的候选光源。2016 年，该团队研究了光注入双态 QDL 的双稳现象。如图 1-25 所示，通过正向和反向扫描注入功率，发生态开关所需要的注入功率不一致，这就导致了磁滞环的产生。理论研究揭示出非均匀展宽是出现磁滞现象的潜在物理原因[68]。同年，该团队利用相同的实验结构实现了可调的光学 Q 开关。当主激光器与 GS 存在一定频率失谐时，GS 辐射可获得强度周期性下降的时间序列。在下降期间，门被打开，增益被提供给 ES，当下降结束时，门被关闭，ES 输出周期性脉冲序列[69]。他们利用电子-空穴不对称模型很好的再现了实验结果。这种注入诱导的 Q-开关的优势是通过改变注入频率可以简单地控制重复频率。2017 年，该团队利用光注入的双态 QDL 实现了 GS 和 ES 辐射的交替振荡（双色爆发振荡），他们发现这种爆发振荡与神经元动力学中的爆发机制有许多相似之处。由于这种尺度可控的爆发可以包含比单个脉冲更多的信息内容，因此可应用于新形式的基于神经元的光通信中[70]。

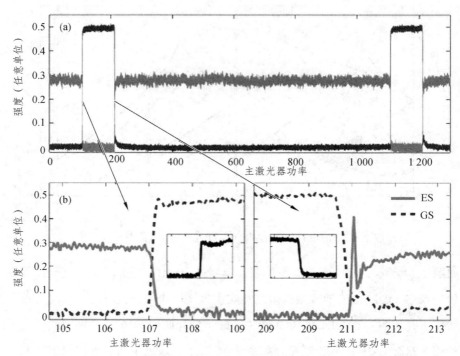

图 1-24　脉冲光注入下双态 QDL 输出的时间序列图[67]

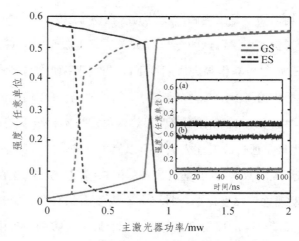

图 1-25　光注入双态 QDL 产生的磁滞环[68]

2018 年，L. C. LIN 等人实验研究了在短腔光反馈下 GS-QDL 和 ES-QDL 的动力学演化，如图 1-26（a）、（b）所示，GS-QDL 可输出规则脉冲包（RPP）、周期态（P）和频率锁定态（FL），但是没有观察到混沌态。而对于 ES-QDL，如图 1-26（c）、（d）所示，可产生混沌（C）、准混沌脉冲包（QCPP）、周期态（P）和准规则脉冲（QRP）等丰富的非线性动力学行为[71]。该团队利用相同实验结构研究了外腔长度由短腔变化到长腔时 GS-QDL 和 ES-QDL 动力学态分布的变化，对于 GS-QDL[图 1-27（a）]只表现出由稳定态到周期态的转换，并没有观察到混沌态，而对于 ES-QDL[图 1-27（b）]可观察到由稳定态到周期态再到混沌态的转换[72]。可以看出 GS-QDL 由于具有较大的弛豫振荡阻尼系数，这使得它在外部光反馈下表现的比较稳定。而 ES-QDL 在较低的反馈强度下就能进入混沌态，这是由于 ES-QDL 具有更大的模式增益和更强的模式竞争。因此，GS-QDL 可应用与无隔离装置的发射器，而 ES-QDL 则可应用于与混沌相关的保密通信、雷达和高速随机数产生。

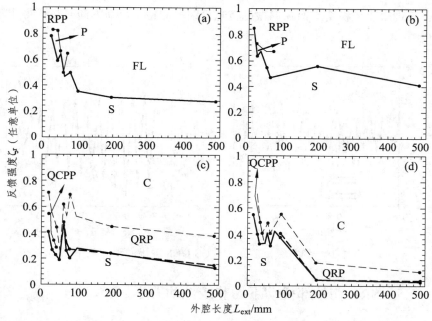

图 1-26　短腔光反馈下 GS-QDL 和 ES-QDL 的动力学分布边界图[71]

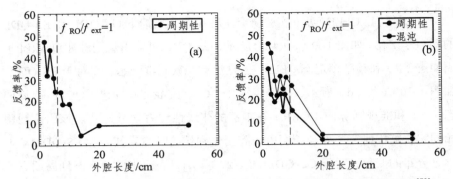

图 1-27　长腔 GS-QDL 和 ES-QDL 在外部光反馈下的动力学分布边界图[72]

　　2020 年，H. Lin 等人实验研究了多模 GS-QDL 在外部偏振旋转光反馈下的动力学。研究发现，当反馈光的偏振方向旋转大的角度时，在较低的电流和弱的反馈强度下，多模 GS-QDL 可进入非稳定状态。并且在特定的偏振方向下，如图 1-28 所示，两个垂直偏振模出现了反相波动，这是由于不同的纵模具有不同的偏振方向所引起的。该研究说明，GS-QDL 在各向同性光反馈下表现得比较稳定，而在偏振旋转光反馈下的特定反馈方向时将变得比较敏感[73]。

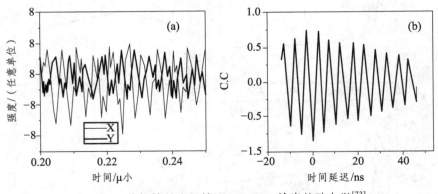

图 1-28　偏振旋转光反馈下 GS-QDL 输出的动力学[73]

1.5　SRL 在外部扰动下的非线性动力学

　　自从 SRL 诞生以来，就因为它在光子集成电路中的应用而受到了广泛关注。因为它不需要解理面和光栅提供光反馈，因此适合单片集成，并且在滤波、波分复用等领域也有较大应用前景。目前关于 SRL 在外部扰动下的非线性动力学特性研究也有一些报道。

2007 年，YUAN 等人分析了 SRL 在外部脉冲光注入情况下的动力学开关行为，并用小信号法对谐振光脉冲注入触发的双稳态的弛豫振荡和稳态衰减进行了理论研究，推导了阻尼因子、弛豫振荡频率和衰减时间的解析表达式，如图 1-29 所示。并且发现通过增加微分增益、光子密度、光学限制因子和非线性增益压缩系数，或者减少光子寿命，可以大大改善动力学行为[74]。

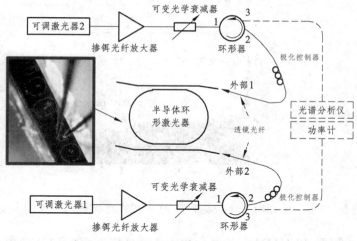

图 1-29 YUAN 等人提出的基于双光注入 SRL 的双稳实验示意图

2008 年，BERI 等人实验和理论研究了 SRL 的模式跳跃问题，并研究了模式跳跃的停留时间分布性质，如图 1-30 所示。在实验上，停留时间分布不能用简单的单参数阿伦尼斯指数定律来描述，它揭示了具有不同时间尺度的两种不同模式跳跃情况的存在。为了阐明这两个时间尺度的起源，他们提出了一种基于二维动力系统的拓扑方法，成功的解决了这个问题[75]。

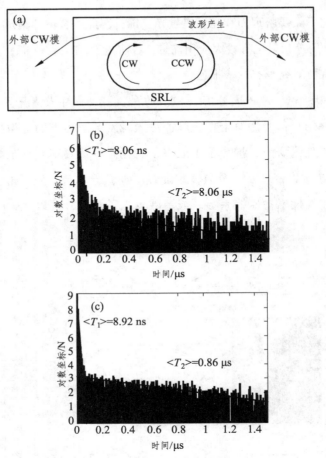

图 1-30　SRL 结构示意图（a）和模式跳跃图（b）、（c）[75]

　　2008 年，SUNADA 等人基于 SRL 的随机脉冲序列产生示意图，如图 1-31 所示，当 SRL 从单稳态切换到双稳态时，它随机选择两种不同的稳定单向激光模式之一，顺时针或逆时针模式。通过用周期性脉冲信号驱动开关参数即注入电流来产生非确定性随机脉冲序列。不确定性随机性的起源是与反向传播激光模式耦合的放大自发发射噪声。通过调整两种激光模式的放大自发发射噪声源的相对强度，优化了统计随机性特性。研究还表明，可以生成通过一套标准的统计随机性测试的光脉冲序列[76]。

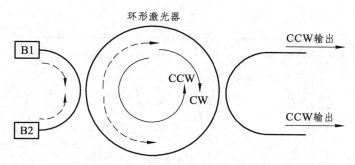

图 1-31　SRL 随机脉冲产生结构示意图[76]

2009 年，Memon 等人实验研究了主从结构光注入锁定下 SRL 的调制带宽，实验结构图如图 1-32 所示。研究发现 SRL 的调制带宽取决于主从激光器的频率失谐、从 SRL 的输出功率和两个激光器的偏置电流[77]。发现通过光注入，SRL 的调制带宽可以达到 40 GHz，而自由运行的 SRL 的调制带宽仅为 15 GHz，这大大改善了 SRL 的调制性能。由于 SRL 无反射面，适用于光子芯片集成，这为 SRL 在光子集成电路中的应用提供了实验支持。

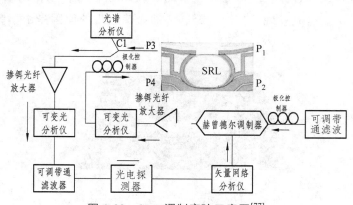

图 1-32　SRL 调制实验示意图[77]

2011 年，COOMANS 等人研究了脉冲注入 SRL 产生兴奋性的物理机制，结构图如图 1-33 所示，研究发现注入场的的相位与腔内场的相位差决定了相空间中扰动场的方向，揭示了使用单个触发脉冲激励多个连续脉冲的机制，即多脉冲激励性。他们进一步研究了在耦合配置中使用不对称 SRL 的可能性，这是使用 SRL 作为构建块的全光神经网络的基础[78]。

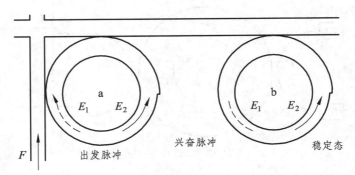

图 1-33　基于 SRL 的光子神经元产生方案[78]

　　2012 年，MASHAL 等人提出了利用交叉光反馈实现方波振荡的方案，如图 1-34 所示，SRL 的 CCW 模的输出光单向反馈到 CW 模式中，最后来观察 CCW 的输出情况，研究发现，SRL 的两个传播模式进行规则的交叉振荡，振荡周期接近于反馈环时间延迟的两倍。并且在较大的参数范围内，振荡具有较强的鲁棒性。但是在较大的反馈强度下，方波振荡逐渐消失。通过理论仿真研究发现，模式跳跃和方波振荡出现的原因是由于激光器噪声引起的[79]。

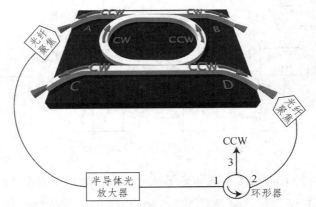

图 1-34　MASHAL 等人提出的基于 SRL 的方波振荡方案[79]

　　2013 年，MASHAL 等人在光反馈下的 SRL 中观察到了低频波动现象，如图 1-35 所示，CW 模输出的激光经过 CCW 口反馈回 SRL 环形谐振腔内，反馈结构为长光反馈，反馈时间约为 16 ns[80]。他们发现反馈系统对反馈强度和注入电流比较敏感，当增加反馈强度或者降低泵浦电流的时候，功率下降的频率将逐渐降低。此外，功率恢复有两种形式，一种是经由脉冲恢复，还有一种是阶梯状恢复，这与边沿发射激光器和 VCSEL 不同。数值仿真结果与实验结果符合的很好。

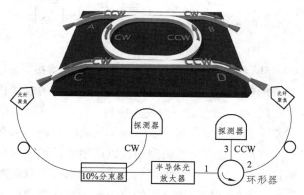

图 1-35　MASHAL 等人提出的利用 SRL 实现低频波动的实验结构图[80]

2013 年，LI 等人研究了三个 SRL 构成的混沌通信系统的性能问题，如图 1-36 所示，其中主激光器 SRL_A 在外部光反馈的作用下进入混沌态，然后将混沌信号分别注入两个从激光器 SRL_B 和 SRL_C 中，在适当的参数下，SRL_B 和 SRL_C 在同步操作的情况下完全同步，并且在注入锁定的效应下与主激光器也完全同步。主从激光器可以采用混沌移动键控的方式进行同步，并且两个从激光器之间也可以实现非耦合的双通道混沌通信[81]。此外，他们还研究了参数失配对同步性能的影响，在 5% 的参数失配范围内，激光器可以完成较好的同步。还有一些影响通信质量的是设备噪声、温度、相位漂移和光纤链路的链接损耗。

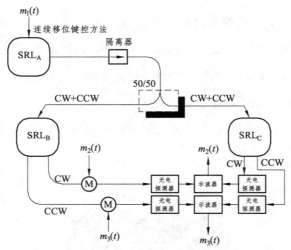

图 1-36　LI 提出的基于三个 SRL 的混沌通信系统示意图[81]

2013 年，KHODER 等人研究了滤波光反馈下 SRL 的双波长辐射，如图 1-37 所示，他们发现 SRL 能够进行双波长辐射。其中，滤波后的光反馈是通过使用两个阵列波导光栅将光分割、重组到不同波长的通道来在芯片上实现的。半导体光放大器被放置在反馈回路中，以便独立地控制每个波长通道的反馈强度[82]。通过调整注入每个放大器的电流，我们可以有效地消除由于制造和材料二向色性引起的波长通道之间的增益差，从而实现稳定的双波长发射。我们还探索了维持这种双波长发射所需的操作参数的准确性。

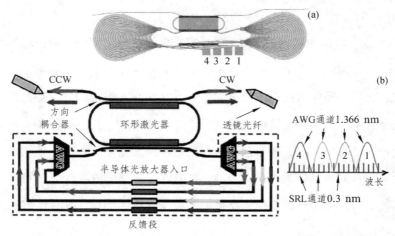

图 1-37　SRL 在芯片滤波光反馈下的实验结构图[82]

2014 年，YUAN 等人构建了基于两个半导体环形激光器的混沌通信系统，如图 1-38 所示，SRL1 在外部的光反馈下进入混沌态，利用互相关和李亚普若夫指数量化了混沌信号的复杂度，并将高复杂度的混沌信号注入到 SRL2 中，研究了注入参数对同步性能的影响，发现在较强的注入参数下可实现完美的混沌同步[83]，为 SRL 在混沌保密中的应用提供了参考。

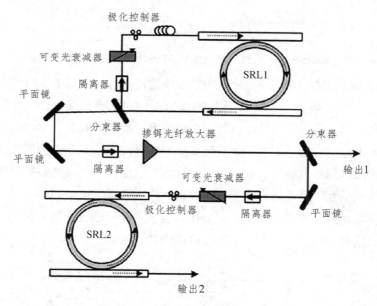

图 1-38 基于两个 SRL 产生混沌信号和同步的方案[83]

2014 年，KHODER 等人实验和理论研究了 SRL 在滤波光反馈下的波长开关速度，他们利用两个阵列波导光栅将光分裂、重组到不同的波长通道中实现反馈具体实验图如图 1-39 所示。波长调谐和开关是通过改变反馈部分注入半导体光放大器的电流来控制的，通过适当调节反馈参数，实现了几纳秒的波长切换速度。并且还研究了反馈参数和噪声强度对波长开关速度的影响[84]。

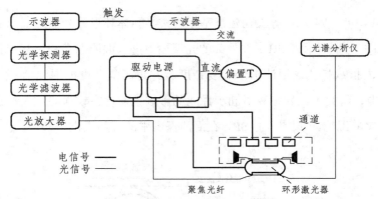

图 1-39　Khoder 等人提出的研究 SRL 波长开关的实验结构示意图[84]

　　2015 年，王等人提出了基于 SRL 实现高速双向、双信道混沌保密通信的方案，如图 1-40 所示，驱动激光器 D-SRL 在外部交叉光反馈的作用下进入混沌态，然后将混沌信号注入到两个响应激光器 R-SRL1 和 R-SRL2 中实现混沌保密通信。结果表明，适当调节反馈参数，D-SRL 产生的混沌信号可以有效消除时间延迟特征，并且通过光注入可以使得响应激光器的混沌信号的带宽明显增强；通过适当调节频率失谐和注入强度，驱动和响应激光器之间可以实现高质量的混沌同步。他们还对通信系统的性能进行了讨论，发现传输距离达到 10 km 时，Q 因子仍然可以保持在 6 以上[85]。

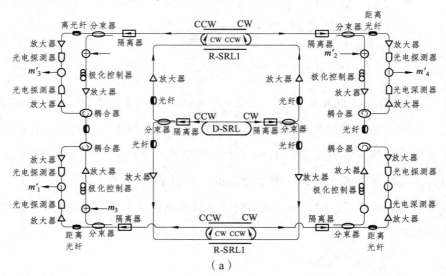

（a）

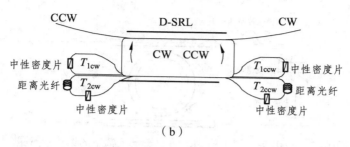

（b）

图 1-40 王等人提出的利用三个 SRL 实现的双向混沌保密通信方案[85]

2015 年，薛等人研究了两个 SRL 单向注入情况下的混沌同步性能，发现在频率失谐等于 20 GHz，注入系数大于 205 时，开环和闭环情况下的注入都可以达到同步系数大于 0.95 的同步，具体结构如图 1-41 所示。讨论了在不同的注入系数下同步对频率失谐的鲁棒性，结果表明开环同步对频率失谐的稳定性更好。研究了 SRL 内部参数的变化对同步的影响，通过适当调节 SRL 内部参数的数值可使两种结构的同步质量都得到优化。闭环同步的互相关系数从 0.96 提高到 0.99（开环同步互相关系数从 0.95 提高到 0.97）。最后讨论了在闭环结构中偏置电流和反馈延迟时间失谐对同步的影响[86]。

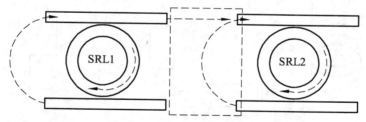

图 1-41 薛等人提出的基于两个 SRL 的混沌同步方案[86]

2016 年，XUE 等人数值研究了 SRL 在外部光反馈下的非线性动力学特征和带宽特征，如图 1-42 所示。结果表明，SRL 在适当的反馈参数下会产生混沌行为，其动力学行为较为复杂，并且给出了不同参数下混沌产生过程和详细状态的分岔图，发现了由稳定态、周期态、多周期态到混沌态的动力学演化过程。该文还研究了混沌的带宽，当反馈系数为 0.5 时，混沌的最宽带宽约为 18 GHz，比传统的 DFB 激光器在光反馈产生的带宽要宽[87]。

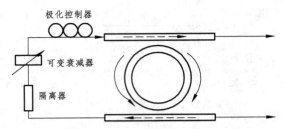

图 1-42　XUE 等人提出的 SRL 在外部光反馈下的结构示意图[87]

　　2016 年，BUTLER 等人提出了一种利用光纤 SRL 的混沌输出信号产生高速随机位的简单方法，如图 1-43 所示。随机比特是通过简单的后处理程序对混沌光学波形进行多比特采样产生的，产生速率高达并可能超过 1 Tb/s。产生的随机比特流使用一个用于测试随机数生成器的软件包（NIST 统计测试套件）进行统计测试。实验中比特流通过这些测试集，表明它们适合用于随机数生成应用程序。这种新技术可以在比以前报道的更简单的实验条件下生成随机比特，同时在比特率和比特质量方面进行了改进[88]。

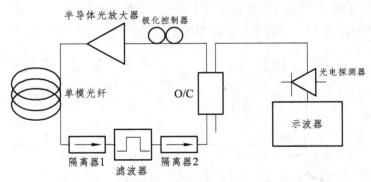

图 1-43　BUTLER 提出的利用 SRL 产生随机数的示意图[88]

　　2017 年，FRIART 等人研究了 SRL 在外部光反馈下的分岔机制，如图 1-44 所示。随着 SRL 在外部光反馈下产生的非线性动力学应用越来越广泛，SRL 在外部扰动下的稳定性问题极为重要。他们通过恰当调节参数，识别了出现稳定自脉冲振荡的参数范围。与普通结构的半导体激光器不同，SRL 在较大的反馈参数下能显示出较为全面的动力学演化路径。他们发现反馈相位对稳定态输出起着至关重要的作用，再特殊的霍普夫分岔机制中出现了自脉冲现象，这些桥连接了两种不同的外腔模式，并且是完全稳定的，这对于二极管激光器在相同条件下是不可能的[89]。

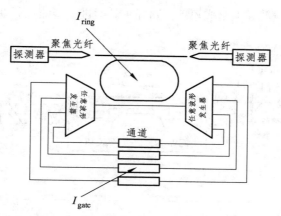

图 1-44　FRIART 等人提出的 SRL 在光反馈下的分叉机制示意图[89]

2018 年，LI 等人研究了两个 SRL 在单向注入下的混沌动力学，其中 M-SRL 在外部光反馈下进入混沌态，然后将混沌光注入到 S-SRL 中，如图 1-45 所示，通过光注入可以有效消除产生混沌信号的时间延迟特征，还能增加混沌信号的带宽。并且他们用产生的混沌信号生成物理随机数，该结构可以产生 25 位最低有效位的物理随机数[90]。

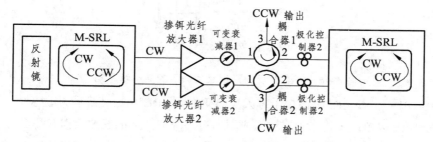

图 1-45　两个 SRL 单向光注入下的示意图[90]

2016 年，LI 等人提出了利用反向光反馈的 SRL 来实现方波振荡的方案，实验图如图 1-46 所示，SRL 被偏置到 CW 和 CCW 模式同时激射的状态，两个模式的输出光反向反馈回腔内。当两路的反馈时间设置的相同时，获得了对称的占空比为 50%的方波信号。当两路的反馈时间不同时，可获得不对称的方波信号，占空比可由反馈时间的不同进行调节。SRL 几何结构将允许在未来直接在总线波导上集成短反馈路径，从而进一步缩短周期并使整个几何结构非常紧凑[91]。

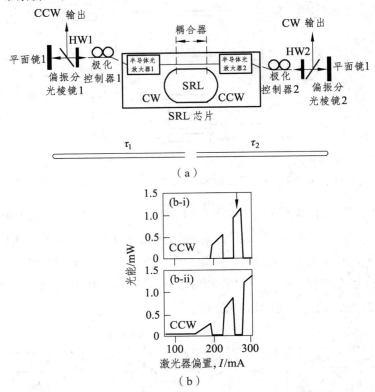

图 1-46　SRL 在反向延迟互反馈下的结构示意图[91]

2019 年，VERSCHAELT 等人实验研究了 SRL 在光反馈下的敏感性，其中，SRL 以单向纵模激射，该激光器通过一个方向上的滤波反馈和一个方向上的普通光反馈进行作用，如图 1-91 所示。整个实验设备是通过标准组件在通用光子学集成平台上制造的。研究发现，通过改变滤波后的反馈强度，可以调整激光的波长和方向性。除此之外，当激光器在单向状态下工作时，滤波的光学反馈会导致芯片上光学反射的光学反馈灵敏度的有限降低。研究结果可为 SRL 在光子集成电路方面的应用提供实验支持[92]。

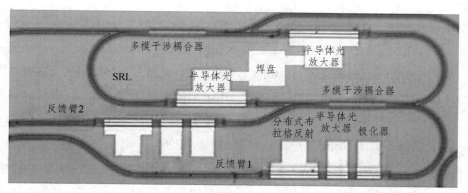

图 1-47 Verschaelt 等人提出的 SRL 在外部滤波光反馈下的结构示意图[92]

2020 年 Syed 等人利用 SRL 设计和实现了一个全光保护系统，如图 1-48 所示。总共需要五个 SRL，每个 SRL 包含磁滞装置两个，逆变器一个。实验研究了各种参数对其运行的影响。在所使用的磁滞装置的阈值条件的一定范围内实现了全光双稳开关。这种保护装置可以提高任何振荡或调制系统的速度[93]。

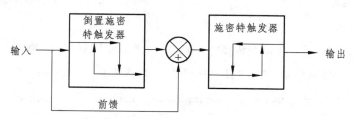

图 1-48 基于 SRL 全光保护装置示意图[93]

参考文献

[1] 沈元壤. 非线性光学五十年[J]. 物理. 2012, 41（2）：71-81.

[2] FRANKEN P A, HILL A E, PETERS C W, et al. Generation of optical harmonics[J]. Phys. Rev. Lett.,1961, 7（4）：118-119.

[3] PEPPER D M, FEKETE D, YARIV A. Observation of amplified phase-conjugate reflection and optical parametric oscillation by degenerate four-wave mixing in a transparent medium[J]. Appl. Phys. Lett., 1978, 33（1）：41-44.

[4]   WALBA D M, ROS M B, CLARK N A, R. et al. An approach to the design of ferroelectric liquid crystals with large second order electronic nonlinear optical susceptibility[J]. Mol. Cryst. Liq. Cryst., 1991, 198（1）: 51-60.

[5]   SHIMONY Y, BURSHTEIN Z, BARANGA A B A, et al. Repetitive Q-switching of a CW Nd: YAG laser using Cr/sup 4 + : YAG saturable absorbers[J]. IEEE J. Quantum Electron., 1996, 32（2）: 305-310.

[6]   BERMAN P R, LEVY J M, BREWER R G. Coherent optical transient study of molecular collisions: theory and observations[J]. Phys. Rev. A, 1975, 11（5）: 1668-1688.

[7]   MOERNER W E. High-resolution optical spectroscopy of single molecules in solids[J]. Acc. Chem. Res., 1996, 29（12）: 563-571.

[8]   AGRAWAL G P, DUTTA N K. Semiconductor lasers[M]. Second Edition. New York:1993.

[9]   黄德修，刘雪峰. 半导体激光器及其应用[M]. 北京：国防工业出版社, 1999.

[10]   江剑平. 半导体激光器[M]. 北京：电子工业出版社, 2000.

[11]   TOHYAMA M, TAKAHASHI R, KAMIYA T. A scheme of picosecond pulse shaping using gain saturation characteristics of semiconductor laser amplifiers[J]. IEEE J. Quantum Electron., 1991, 27（9）: 2201-2210.

[12]   LIU H F, NGAI W F. Nonlinear dynamics of a directly modulated 1.55 μm InGaAsP distributed feedback semiconductor laser[J]. IEEE J. Quantum Electron., 1993, 29（6）: 1668-1675.

[13]   GAO J B, HWANG S K, LIU J M. Effects of intrinsic spontaneous-emission noise on the nonlinear dynamics of an optically injected semiconductor laser[J]. Phys. Rev. A, 1999, 59（2）: 1582-1585.

[14]   SCIAMANNA M, SHORE K A. Physics and applications of laser diode chaos[J]. Nature Photonics, 2015, 9（3）: 151-162.

[15] TREDICCE J R, ARECCHI F T, LIPPI G. L, et al. Instabilities in lasers with an injected signal[J]. J. Opt. Soc. Am. B, 1985, 2（1）: 173-183.

[16] 操良平, 邓涛, 林晓东, 等. 光反馈分布反馈半导体激光器的非线性动力学动态行为[J]. 中国激光, 2010, 37（4）: 939-943.

[17] 张秀娟, 王冰洁, 杨玲珍, 等. 平坦宽带混沌激光的产生及同步[J]. 物理学报, 2009, 58（5）: 3203-3207.

[18] SUNADA S, HARAYAMA T, ARAI K, et al. Chaos laser chips with delayed optical feedback using a passive ring waveguide[J]. Opt. Express, 2011, 19（7）: 5713-5724.

[19] CARDOZA-AVENDAÑO L, SPIRIN V, LÓPEZ-GUTIÉRREZ R M, et al. Experimental characterization of DFB and FP chaotic lasers with strong incoherent optical feedback[J]. Opt. Laser Technol., 2011, 43（5）: 949-955.

[20] WU J G, XIA G Q, WU Z M. Suppression of time delay signatures of chaotic output in a semiconductor laser with double optical feedback[J]. Opt. Express, 2009, 17（22）: 20124-20133.

[21] VERSCHAELT G, KHODER M, VAN DER SANDE G. Optical feedback sensitivity of a semiconductor ring laser with tunable directionality[J]. Photonics, 2019, 6: 112.

[22] LIONEL W, CHI-HAK U, DELPHINE W, et al. Mapping of external cavity modes for a laser diode subject to phase-conjugate feedback[J]. Chaos, 2017, 27（11）: 114314.

[23] SIMPSON T B, LIU J M, GAVRIELIDES A, et al. Period-doubling route to chaos in a semiconductor laser subject to optical injection[J]. Appl. Phys. Lett., 1994, 64（26）: 3539-3541.

[24] GATARE I, SCIAMANNA M, BUESA J, et al. Nonlinear dynamics accompanying polarization switching in vertical-cavity surface-emitting lasers with orthogonal optical injection[J]. Appl. Phys. Lett., 2006, 88（10）: 101106.

[25] WU D S, SLAVIK R, MARRA G, et al. Direct selection and amplification of individual narrowly spaced optical comb modes via injection locking： design and characterization[J]. IEEE J. Lightw. Technol., 2013, 31（14）: 2287-2295.

[26] GATARE I, SCIAMANNA M, NIZETTE M, et al. Mapping of two-polarization-mode dynamics in vertical-cavity surface-emitting lasers with optical injection[J]. Phys. Rev. E, 2009, 80（2）: 026218.

[27] QUIRCE A, PÉREZ P, LIN H, et al. Polarization switching regions of optically injected long-wavelength VCSELs[J]. IEEE J. Quantum Electron., 2014, 50（11）: 921-928.

[28] PRIOR E, DIOS C D, CRIADO Á R, et al. Expansion of VCSEL-based optical frequency combs in the sub-THz span: comparison of non-linear techniques[J]. J. Lightwave Technol., 2016, 34（17）: 4134- 4141.

[29] QUIRCE A, DIOS C, VALLE A, et al. Polarization dynamics in VCSEL-based gain switching optical frequency combs[J]. J. Lightwave Technol., 2018, 36（10）: 1798-1806.

[30] XIA G Q, CHAN S C, LIU J M. Multistability in a semiconductor laser with optoelectronic feedback[J]. Opt. Express, 2007, 15（2）: 572-576.

[31] LIN F Y, TSAI M C. Chaotic communication in radio-over-fiber transmission based on optoelectronic feedback semiconductor lasers[J]. Opt. Express, 2007, 15（2）: 302-311.

[32] 廖健飞, 夏光琼, 吴加贵, 等. 基于光电负反馈的激光混沌串联同步系统研究[J]. 物理学报, 2007, 56（11）: 6301-6306.

[33] 樊利, 夏光琼, 吴正茂. 基于光电反馈的激光混沌并联同步系统研究[J]. 物理学报, 2009, 58（2）: 989-994.

[34] XIA G Q, WU Z M, LIAO J F. Theoretical investigations of cascaded chaotic synchronization and communication based on optoelectronic negative feedback semiconductor lasers[J]. Opt. Commun., 2009, 282（5）: 1009-1015.

[35] SHAHVERDIEV E M，SHORE K A. Multiplex chaos synchronization in semiconductor lasers with multiple optoelectronic feedbacks[J]. Optik, 2013, 124（12）: 1350-1353.

[36] LIAO J F, SUN J Q. Polarization dynamics and chaotic synchronization in unidirectionally coupled VCSELs subjected to optoelectronic feedback[J]. Opt. Commun., 2013, 295: 188-196.

[37] UCHIDA A, AMANO K, INOUE M, et al. Fast physical random bit generation with chaotic semiconductor lasers[J]. Nat. Photonics, 2008, 2（12）: 728-732.

[38] ARGYRIS A, SYVRIDIS D, LARGER L, et al. Chaos-based communications at high bit rates using commercial fibre-optic links[J]. Nature, 2005, 438（7066）: 343-346.

[39] LIN F Y, LIU J M. Chaotic lidar[J]. IEEE J. Sel. Top. Quantum Electron., 2004, 10（5）: 991-997.

[40] CHOW W W, WIECZOREK S. Using chaos for remote sensing of laser radiation[J]. Opt. Express, 2009, 17（9）: 7491-7504.

[41] VAN DER SANDE G, BRUNNER D, SORIANO M C. Advances in photonic reservoir computing[J]. Nanophotonics, 2017, 6（3）: 561-576.

[42] UCHIDA A, KANNO K, SUNADA S, et al. Reservoir computing and decision making using laser dynamics for photonic accelerator[J]. Jpn. J. Appl. Phys., 2020, 59（4）: 040601.

[43] QI X Q, LIU J M. Photonic microwave applications of the dynamics of semiconductor lasers[J]. IEEE J. Sel. Topics Quantum Electron., 2011, 17（5）: 1198-1211.

[44] CHROSTOWSKI L, FARAJI B, HOFMANN W, et al. 40 GHz bandwidth and 64 GHz resonance frequency in injection-locked 1.55 μm VCSELs[J]. IEEE Journal of Selected Topics in Quantum Electronics, 2007, 13（5）: 1200-1208.

[45] XIANG S Y, PAN W, LI N Q, et al. Photonic Approach for Generating Randomness-Enhanced Physical Chaos Via Dual-Path Optically Injected VCSELs[J]. IEEE Journal of Quantum Electronics, 2013, 49(3): 274-280.

[46] 曹体, 林小东, 夏光琼, 等. 光注入和光电反馈联合作用下垂直腔表面发射激光器的动力学特性研究[J]. 物理学报, 2012, 61（11）: 114202.

[47] XIAO Y, DENG T, WU Z M, et al. Chaos synchronization between arbitrary two response VCSELs in a broadband chaos network driven by a bandwidth-enhanced chaotic signal[J]. Optics Communications, 2012, 285: 1442-1448.

[48] AL-SEYAB R, SCHIRES K, HURTADO A, et al. Dynamics of VCSELs subject to optical injection of arbitrary polarization[J]. IEEE Journal of Selected Topics in Quantum Electronics, 2013, 19（4）: 1700512

[49] HONG Y H, X. CHEN F, SPENCER P S, et al. Enhanced flat broadband optical chaos using low-cost VCSEL and fiber ring resonator[J]. IEEE Journal of Quantum Electronics, 2015, 51（3）: 1200106.

[50] CHEN J J, DUAN Y N, ZHONG Z Q. Complex-enhanced chaotic signals with time-delay signature suppression based on vertical-cavity surface-emitting lasers subject to chaotic optical injection[J]. Optical Review, 2018, 25: 356-364

[51] TANG X, XIA G Q, JAYAPRASATH E, et al. Multi-channel physical random bits generation using a Vertical-Cavity Surface-Emitting Laser under chaotic optical injection[J]. IEEE Access, 2018, 6: 3565-3572.

[52] CAI W, XIANG S Y, CAO X Y, et al. Experimental investigation of the time-delay signature of chaotic output and dual-channel physical random bit generation in 1550 nm mutually coupled VCSELs with common FBG filtered feedback[J]. Applied Optics, 59（15）: 4583-4588.

[53] 肖路遥, 唐曦, 林晓东, 等. 电流调制下光注入 VCSEL-SA 的可重构逻辑运算[J]. 光学学报, 2022, 51（11）: 1114005.

[54]   LIN F Y, TU S Y, HUANG C C, et al. Nonlinear dynamics of semiconductor lasers under repetitive optical pulse injection[J]. IEEE Journal of Selected Topics in Quantum Electronics, 2009, 15（3）: 604-611.

[55]   XIANG S Y, PAN W, ZHANG L Y, et al. Phase-modulated dual-path feedback for time delay signature suppression from intensity and phase chaos in semiconductor laser[J]. Optics Communications, 2014, 324: 38-46.

[56]   LU D, PAN B W, CHEN H B, et al. Frequency-tunable optoelectronic oscillator using a dual-mode amplified feedback laser as an electrically controlled active microwave photonic filter[J]. Optics Letters, 2015, 40（18）: 4340-4343.

[57]   MERCIER É, WEICKER L, WOLFERSBERGER D, et al. High-order external cavity modes and restabilization of a laser diode subject to a phase-conjugate feedback[J]. Optics Letters, 2017, 42（2）: 306-309.

[58]   WANG Y, XIANG S Y, WANG B, et al. Time-delay signature concealment and physical random bits generation in mutually coupled semiconductor lasers with FBG[J]. Optics Express, 2019, 27（6）: 8446-8455.

[59]   JIANG N, ZHAO A K, LIU S Q, et al. Injection-locking chaos synchronization and communication in closed-loop semiconductor lasers subject to phase-conjugate feedback[J]. Optics Express, 2020, 28（7）: 9477-9486.

[60]   WANG T, YANG Y D, HAO Y Z, et al. Nonlinear dynamics of a semiconductor microcavity laser subject to frequency comb injection[J]. Optics Express, 2022, 30（25）: 45459-45470.

[61]   张依宁, 冯玉玲, 王晓茜, 等. 半导体激光器混沌输出的延时特征和带宽[J]. 物理学报, 2022, 69（9）: 090501.

[62]   XU Z W, TIAN H, ZENG Z, et al. Time-delay signature suppression of the chaotic signal in a semiconductor laser based on optoelectronic hybrid feedback[J]. Optics Express, 2023, 31（24）: 39454-39464.

[63] KELLEHER B, BONATTO C, HUYET G, et al. Excitability in optically injected semiconductor lasers: Contrasting quantum-well- and quantum-dot-based devices[J]. Phys. Rev. E, 2011, 83（2）: 026207.

[64] VIRTE M, PANAJOTOV K, SCIAMANNA M. Mode competition induced by optical feedback in two-color quantum dot lasers[J]. IEEE J. Quantum Electron., 2013, 49（7）: 578-585.

[65] VIRTE M, BREUER S, SCIAMANNA M, et al. Switching between ground and excited states by optical feedback in a quantum dot laser diode[J]. Appl. Phys. Lett., 2014, 105（12）: 121109.

[66] LINGNAU B, CHOW W W, LÜDGE K. Amplitude-phase coupling and chirp in quantum-dot lasers: influence of charge carrier scattering dynamics[J]. Opt. Express, 2014, 22（5）: 4867-4879.

[67] TYKALEWICZ B, GOULDING D, HEGARTY S P, et al. All-optical switching with a dual-state, single-section quantum dot laser via optical injection[J]. Opt. Lett., 2014, 39（15）: 4607-4609.

[68] TYKALEWICZ B, GOULDING D, HEGARTY S P, et al. Viktorov, and B. Kelleher. Optically induced hysteresis in a two-state quantum dot laser[J]. Opt. Lett., 2016, 41（5）: 1034-1037.

[69] VIKTOROV E A, DUBINKIN I, FEDOROV N, et al. Injection-induced, tunable, all-optical gating in a two-state quantum dot laser[J]. Opt. Lett., 2016, 41（15）: 3555-3558.

[70] KELLEHER B, TYKALEWICZ B, GOULDING D, et al. Two-color bursting oscillations[J]. Sci. Rep., 2017, 7, 8414.

[71] LIN L C, CHEN C Y, HUANG H, et al. Comparison of optical feedback dynamics of InAs/GaAs quantum-dot lasers emitting solely on ground or excited states[J]. Opt. Lett., 2018, 43（2）: 210-213.

[72] HUANG H, LIN L C, CHEN C Y, et al. Multimode optical feedback dynamics in InAs/GaAs quantum dot lasers emitting exclusively on ground or excited states: transition from short- to long-delay regimes[J]. Opt. Express, 2018, 26（2）: 1743-1751.

[73] LIN H, HONG Y H, OURARI S, et al. Quantum dot lasers subject to polarization-rotated optical feedback[J]. IEEE J. Quantum Electron., 2020, 56（1）: 2000308.

[74] YUAN G H, YU S Y. Analysis of dynamic switching behavior of bistable semiconductor ring lasers triggered by resonant optical pulse injection[J]. IEEE JOURNAL OF SELECTED TOPICS IN QUANTUM ELECTRONICS, 2007, 13（5）: 1227-1234.

[75] BERI S, GELENS L, MESTRE M, et al, Topological insight into the Non-Arrhenius mode hopping of semiconductor ring lasers[J]. PHYSICAL REVIEW LETTERS, 2008, 101（9）: 093903.

[76] SUNADA S, HARAYAMA T, ARAI K, et al. Random optical pulse generation with bistable semiconductor ring lasers[J]. Optics Express, 2011, 19（8）: 7439-7450.

[77] MEMON M I, LI B, MEZOSI G, et al. Modulation bandwidth enhancement in optical injection-locked semiconductor ring laser[J]. IEEE Photonics Technology Letters, 2009, 21（24）: 1792-1794.

[78] COOMANS W, GELENS L, BERI S, et al. Solitary and coupled semiconductor ring lasers as optical spiking neurons[J]. Physical Review E, 2011, 84（3）: 036209.

[79] MASHAL L, DER SANDE G V, GELENS L, et al. Square-wave oscillations in semiconductor ring lasers with delayed optical feedback[J]. OPTICS EXPRESS, 2012, 20（20）: 22503-22516.

[80] MASHAL L, NGUIMDO R M, DER SANDE G V, et al. Low-Frequency Fluctuations in Semiconductor Ring Lasers With Optical Feedback[J]. IEEE Journal OF Quantum Electronics, 2013, 49（9）: 790-797.

[81] LI N Q, PAN W, XIANG S Y, et al. Hybrid chaos-based communication system consisting of three chaotic semiconductor ring lasers[J]. Applied Optics, 2013, 52（7）: 1523-1525.

[82] KHODER M, VERSCHAFFELT G, NGUIMDO R M, et al. Digitally tunable dual wavelength emission from semiconductor ring lasers with filtered optical feedback, Laser Phys[J]. Lett., 2013, 10: 075804.

[83] YUAN G H, ZHANG X, WANG Z R. Generation and synchronization of feedback-induced chaos insemiconductor ring lasers by injection-locking[J]. Optik, 2014, 125: 1950- 1953.

[84] KHODER M, NGUIMDO R M, LEIJTENS X, et al. Wavelength switching speed in Semiconductor Ring LasersWith On-Chip Filtered Optical Feedback[J]. IEEE Photonics Technology Letters, 2014, 26（5）: 520-523.

[85] 王顺天, 吴正茂, 吴加贵, 等. 基于半导体环形激光器的高速双向双信道混沌保密通信[J]. 物理学报, 2015, 64（15）: 154205.

[86] 薛萍萍, 张建忠, 杨玲珍, 等. 半导体环形激光器的混沌同步及优化[J]. 光学学报, 2015, 35（4）: 0414002.

[87] XUE P P, YANG L Z, WU Y, et al. Complex and broadband characteristics of semiconductor ring laserswith optical feedback[J]. Optik, 2015, 126: 1884-1888.

[88] BUTLER T, DURKAN C, GOUDING D, et al. Optical ultrafast random number generation at 1 Tb/s using a turbulent semiconductor ring cavity laser[J]. Optics Letters, 2016, 41（2）: 388-391.

[89]　FRIART G, DER SANDE G V, KHODER M, et al. Verschaffelt. Stability of steady and periodic states through the bifurcation bridge mechanism in semiconductor ring lasers subject to optical feedback[J]. OPTICS EXPRESS, 2017, 25（1）: 339-350.

[90]　LI N Q, NGUIMDO R M, LOCQUET A, et al. Enhancing optical-feedback-induced chaotic dynamics in semiconductor ring lasers via optical injection[J]. Nonlinear Dyn, 2018, 92: 315-324.

[91]　LI S S, LI X Z, ZHUANG J P, et al. Square-wave oscillations in a semiconductor ring laser subject to counter-directional delayed mutual feedback[J]. Optics Letters, 2016, 41（4）: 812-815.

[92]　VERSCHAELT G, KHODER M, DER SANDE G V. Optical feedback sensitivity of a semiconductor ring laser with tunable directionality[J]. Photonics, 2019, 6: 112.

[93]　SYED A, TAFAZOLI M, DAVOUDZADEH N, et al. An all-optical proteretic switch using semiconductor ring lasers[J]. Optics Communications, 2020, 475: 126252.

2 半导体环形激光器的理论模型及数值分析方法

2.1 半导体环形激光器理论

在单纵模操作下，环形腔内的电场可以表示为

$$E(x,t) = E_1(t)\mathrm{e}^{-\mathrm{i}(\Omega t - kx)} + E_2(t)\mathrm{e}^{-\mathrm{i}(\Omega t + kx)} \tag{2-1}$$

其中，E 是电场慢变复振幅，E_1 和 E_2 分别是顺时针（CW）和逆时针（CCW）的复电场，Ω 为激光器频率，x 为空间坐标，k 为波矢。因此，随时间演化的电场可以表示为

$$\frac{\mathrm{d}E_{1,2}}{\mathrm{d}t} = \frac{1}{2}(1+\mathrm{i}\alpha)\left[G_{1,2}(N, E_{1,2}) - \frac{1}{\tau_p}\right]E_{1,2} - KE_{2,1} \tag{2-2}$$

$$G_{1,2}(N, E_{1,2}) = G_n(N - N_0)(1 - \varepsilon_s|E_{1,2}|^2 - \varepsilon_c|E_{2,1}|^2) \tag{2-3}$$

其中，α 为线宽增强因子，代表了相位振幅耦合的强度，$G_{1,2}$ 代表了两个模式的增益系数，N 为载流子密度，N_0 为透明载流子密度，ε_s 和 ε_c 代表了自增益和互增益饱和系数，τ_p 代表了光子数寿命。K 表示两个模式的线性耦合率。由于驻波型的空间周期远小于载流子扩散长度，载流子密度的纵向变化可以忽略，均匀载流子密度可以表示为

$$\frac{\mathrm{d}N}{\mathrm{d}t} = \frac{J}{el} - \frac{N}{\tau_s} - G_1(N, E_{1,2})|E_1|^2 - G_2(N, E_{1,2})|E_2|^2 \tag{2-4}$$

其中，J 注入电流密度，e 是电子电荷，l 是有源层厚度，τ_s 是载流子寿命。此模型与 Numa 提出的半导体环形激光器模型相似，不同之处在于我们忽略了自发发射，并将方程明确地写成复杂场的形式，从而考虑了相位效应。两个反向传播模式是通过反向传播系数 $K = K_d + \mathrm{i}K_c$ 进行耦合的，其中 K_d 代表了耗散耦合，K_c 代表了保守耦合。K 的值由 SRL 的的折射率和腔损失决定，具体的取值有实验的测定值决定。

上述表达式也可以进行无量纲化处理，通过以下的方法进行归一化：

$$T = \frac{t}{2\tau_p} ; \quad E_{1,2} = \sqrt{G_n\tau_s}E_{1,2} \tag{2-5}$$

$$n = G_n(N-N_0)\tau_p ; \quad s = \frac{\varepsilon_s}{G_n\tau_s} \tag{2-6}$$

$$c = \frac{\varepsilon_c}{G_n\tau_s} ; \quad k_c = 2\tau_p K_c ; \quad \gamma = \frac{\tau_p}{\tau_s} ; \quad \mu = \frac{J-J_0}{J_{TH}-J_0} \tag{2-7}$$

化简后可得出 SRL 的速率方程为：

$$\frac{dE_{1,2}}{dT} = (1+i\alpha)[\xi_{1,2}n-1]E_{1,2} - (k_d+ik_c)E_{2,1} \tag{2-8}$$

$$\frac{dn}{dT} = 2\gamma[\mu - n(1-\xi_1|E_1|^2 - \xi_2|E_2|^2)] \tag{2-9}$$

$$\xi_{1,2} = 1 - s|E_{1,2}|^2 - c|E_{2,1}|^2 \tag{2-10}$$

其中，T 表示无量纲的时间，s 和 c 代表了归一化的自饱和与互饱和系数，μ 为泵浦参数，阈值电流可以表示为

$$J_{TH} = \frac{ed}{\tau_s}\left(N_0 + \frac{1}{G_n\tau_p}\right); J_0 = \frac{ed}{\tau_s}N_0 \tag{2-11}$$

因此，归一化后阈值电流为 1。上述方程可以采用四阶龙格库塔方法求解，步长为 2 ps。对于光反馈情况，要在方程中加入反馈项。

图 2-1 给出了半导体环形激光器交叉光反馈下的示意图，CW 为顺时针方向，CCW 为逆时针方向。如图所示，左边的两个反馈环路将光反馈回了激光器，其中 CW 方向的光反馈到 CCW 方向，而 CCW 方向的光反馈到 CW 方向，此时的光反馈结构为交叉光反馈。结合文献[13]提出的 SRL 模型，考虑顺时针传播的模式 E_{CW}，逆时针传播的模式 E_{CCW} 和载流子数 N，并引入交叉反馈项，半导体环形激光器（SRL）光反馈下的速率方程表示为

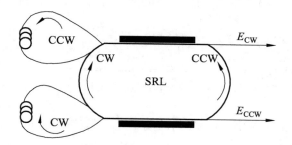

图 2-1　半导体环形激光器光反馈示意图

$$\frac{\mathrm{d}E_{\mathrm{CW}}}{\mathrm{d}t} = \kappa(1+i\alpha)[g_{\mathrm{CW}}N-1]E_{\mathrm{CW}} - (k_{\mathrm{d}}+ik_{\mathrm{c}})E_{\mathrm{CCW}}\mathrm{e}^{i\varphi} + \\ \eta_{\mathrm{CCW}}E_{\mathrm{CCW}}(t-T_{\mathrm{CCW}})\mathrm{e}^{-i\omega_0 T_{\mathrm{CCW}}}$$
（2-12）

$$\frac{\mathrm{d}E_{\mathrm{CCW}}}{\mathrm{d}t} = \kappa(1+i\alpha)[g_{\mathrm{CCW}}N-1]E_{\mathrm{CCW}} - (k_{\mathrm{d}}+ik_{\mathrm{c}})E_{\mathrm{CW}}\mathrm{e}^{i\varphi} + \\ \eta_{\mathrm{CW}}E_{\mathrm{CW}}(t-T_{\mathrm{CW}})\mathrm{e}^{-i\omega_0 T_{\mathrm{CCW}}}$$
（2-13）

$$\frac{\mathrm{d}N}{\mathrm{d}t} = \gamma[\mu - N - g_{\mathrm{CW}}N|E_{\mathrm{CW}}|^2 - g_{\mathrm{CCW}}N|E_{\mathrm{CCW}}|^2]$$
（2-14）

$$g_{\mathrm{CW}} = (1-s|E_{\mathrm{CW}}|^2 - c|E_{\mathrm{CCW}}|^2)$$
（2-15）

$$g_{\mathrm{CCW}} = (1-s|E_{\mathrm{CCW}}|^2 - c|E_{\mathrm{CW}}|^2)$$
（2-16）

其中，κ 为电场衰减率，γ 为载流子衰减率。（$k_{\mathrm{d}} + ik_{\mathrm{c}}$）为反向散射系数，$k_{\mathrm{d}}$ 和 k_{c} 为保守和耗散系数。η_{CW} 与 η_{CCW} 为两个方向的反馈系数，$E_{\mathrm{CW}}(t-T_{\mathrm{CW}})$ 与 $E_{\mathrm{CCW}}(t-T_{\mathrm{CCW}})$ 为两个方向反馈回激光器的电场复振幅，$\omega_0 T_{\mathrm{CW}}$ 与 $\omega_0 T_{\mathrm{CCW}}$ 为时间延迟引起的两个方向的相位差。g_{CW} 与 g_{CCW} 为两个方向的增益系数，s 和 c 分别代表增益自饱和互饱和系数。μ 为归一化的偏置电流，$\mu = 1$ 为阈值电流。参考文献[1]，本文仿真所使用的参数取值为：$\kappa = 100\ \mathrm{ns}^{-1}$，$\gamma = 0.2\ \mathrm{ns}^{-1}$，$s = 0.005$，$c = 0.01$，$k_{\mathrm{d}} = 0.033\ \mathrm{ns}^{-1}$，$k_{\mathrm{c}} = 0.44\ \mathrm{ns}^{-1}$，$\mu = 2.4$。

　　SRL 在外腔光反馈下，存在由外腔长度确定的与外腔模式周期性有关的时延特征，而抑制时延特征是混沌安全通信中的关键。通常研究混沌信号时

延特征的方法是计算时间序列在各个时刻的自相关值，自相关函数的数学定义式为

$$C(\Delta t) = \frac{\left\langle \left[x(t) - \langle x(t) \rangle \right] \left[x_s(t) - \langle x_s(t) \rangle \right] \right\rangle}{\sqrt{\left\langle \left[x(t) - \langle x(t) \rangle \right]^2 \right\rangle \left\langle \left[x_s(t) - \langle x_s(t) \rangle \right]^2 \right\rangle}}$$ （2-17）

其中，$x(t)$为任一时间序列，Δt为时间延迟，$\langle \cdot \rangle$表示时间平均，$x_s(t) = x(t + \Delta t)$，$C(\Delta t)$为时间延迟为Δt时的自相关系数的值。

对于注入情况，在 SRL 的速率方程中加入注入项：

$$\frac{dE_{2CW}}{dt} = \kappa(1 + i\alpha)[g_{2CW}N_2 - 1]E_{2CW} - \left(k_d + ik_c \right) E_{2CCW} + k_{inj}E_{1CCW}e^{i2\pi\Delta ft}$$
（2-18）

$$\frac{dE_{2CCW}}{dt} = \kappa(1 + i\alpha)[g_{2CCW}N_2 - 1]E_{2CCW} - (k_d + ik_c)E_{2CW} + k_{inj}E_{1CW}e^{i2\pi\Delta ft}$$
（2-19）

$$\frac{dN_{1,2}}{dt} = \gamma[\mu_{1,2} - N_{1,2} - g_{1,2CW}N_{1,2}\left| E_{1,2CW} \right|^2 - g_{1,2CCW}N_{1,2}\left| E_{1,2CCW} \right|^2]$$ （2-20）

$$g_{1,2CW} = (1 - s\left| E_{1,2CW} \right|^2 - c\left| E_{1,2CCW} \right|^2)$$ （2-21）

$$g_{1,2CCW} = (1 - s\left| E_{1,2CCW} \right|^2 - c\left| E_{1,2CW} \right|^2)$$ （2-22）

2.2 数值分析方法

2.2.1 Runge-Kutta 算法

要分析 QDL 在外部扰动下的非线性动力学特性，必须对相应的速率方程进行求解，求出激光器输出的时间序列和载流子的分布，然后利用光谱、功率谱、排列熵等技术进行分析。但是要给出带外部扰动的 QDL 速率方程的解析解比较困难，因此只能采用数值分析的方法来寻求数值解。论文中所使用的方法是常用的 Runge-Kutta 算法[2-4]。

1. 二阶 Runge-Kutta 算法

对于常微分方程：

$$\begin{cases} y' = f(x, y), & (a \leqslant x \leqslant b) \\ y(a) = y_0 \end{cases} \tag{2-23}$$

考虑区间 $[x_i, x_{i+1}]$，并在此区间取两点 x_i 与 $x_{i+p} = x_i + ph$，利用这两点上的斜率值 K_1 和 K_2 的加权平均作为这一区间内的平均斜率 K^*。定义 $x_{i+1} - x_i = h$ 为步长，并设 h 在计算过程中为固定值，为定步长方法。由改进的 Euler 公式可得出

$$y_{i+p} = y_i + phf(x_i, y_i) \tag{2-24}$$

$$\begin{cases} y_{i+1} = y_i + h(\lambda_1 K_1 + \lambda_2 K_2) \\ K_1 = f(x_i, y_i) \\ K_2 = f(x_i + ph, y_i + phK_1) \end{cases} \tag{2-25}$$

确定系数 λ_1，λ_2，p 可得到有二阶计算精度的算法格式。将 K_2 在 x_i 处作泰勒展开：

$$K_2 = f(x_i, y_i) + ph(f_x' + f \cdot f_y')_i + \ldots \tag{2-26}$$

将 K_1 和 K_2 带入式（2-25）的第一式后可以得出

$$\begin{aligned} y_{i+1} &= y_i + h(\lambda_1 K_1 + \lambda_2 K_2) \\ &= y_i + h[\lambda_1 f_i + \lambda_2 f_i + \lambda_2 ph(f_x' + f \cdot f_y')_i + \ldots] \\ &= y_i + (\lambda_1 + \lambda_2)hf_i + \lambda_2 ph^2(f_x' + f \cdot f_y')_i + \ldots \end{aligned} \tag{2-27}$$

将 $y(x_{i+1})$ 在 $x = x_i$ 处作二阶泰勒级数展开，可得到

$$\begin{aligned} y_{i+1} &= y_i + hy_i' + \frac{h^2}{2!}y_i'' \\ &= y_i + hf_i + \frac{h^2}{2!}[f_x' + f \cdot f_y']_i \end{aligned} \tag{2-28}$$

对比（2-25）和（2-28）可以得出关于三个系数的方程：

$$
\begin{cases}
\lambda_1 + \lambda_2 = 1 \\
\lambda_2 p = \dfrac{1}{2}
\end{cases}
\tag{2-29}
$$

对满足公式（2-25）和（2-29）的算法统称为二阶 Runge-Kutta 算法。

2. 三阶、四阶 Runge-Kutta 算法

为提高计算精度，可在区间 $[x_i, x_{i+1}]$ 内再增加一个点 q 来进行计算，用 x_i，x_{i+p}，x_{i+q} 这三点的斜率 K_1，K_2，K_3 计算平均斜率 K^*，因此可得

$$
\begin{cases}
y_{n+1} = y_n + h(\lambda_1 K_1 + \lambda_2 K_2 + \lambda_3 K_3) \\
K_1 = f(x_i + y_i) \\
K_2 = f(x_i + ph, y_i + phK_1) \\
K_3 = f(x_i + qh, y_i + qh(rK_1 + sK_2))
\end{cases}
\tag{2-30}
$$

与三阶泰勒级数展开式比较后可得出参数所满足的关系：

$$
\begin{cases}
r + s = 1, \lambda_1 + \lambda_2 + \lambda_3 = 1 \\
\lambda_2 p + \lambda_3 q = \dfrac{1}{2} \\
\lambda_2 p^2 + \lambda_3 q^2 = \dfrac{1}{3} \\
\lambda_3 pqs = \dfrac{1}{6}
\end{cases}
\tag{2-31}
$$

对满足（2-30）和（2-31）的算法统称为三阶 Runge-Kutta 算法，其截断误差为 $o(h^4)$。常用的三阶 Runge-Kutta 式为

$$
\begin{cases}
y_{i+1} = y_i + \dfrac{h}{6}(K_1 + 4K_2 + K_3) \\
K_1 = f(x_i, y_i) \\
K_2 = f\left(x_i + \dfrac{h}{2}, y_i + \dfrac{hK_1}{2}\right) \\
K_3 = f(x_i + h, y_i - hK_1 + 2hK_2)
\end{cases}
\tag{2-32}
$$

为进一步提高计算精度，可在 $[x_i, x_i+1]$ 内选取四个点来进行计算，取这四个点处的斜率的加权平均作为斜率的平均值。该种方法为四阶 Runge-Kutta

算法，其截断误差为 $o(h^5)$。常用的四阶 Runge-Kutta 公式为

$$\begin{cases} y_{i+1} = y_i + \dfrac{h}{6}(K_1 + 2K_2 + 2K_3 + K_4) \\ K_1 = f(x_i, y_i) \\ K_2 = f\left(x_i + \dfrac{h}{2}, y_i + \dfrac{h}{2}K_1\right) \\ K_3 = f\left(x_i + \dfrac{h}{2}, y_i + \dfrac{h}{2}K_2\right) \\ K_4 = f(x_i + h, y_i + hK_3) \end{cases} \qquad （2\text{-}33）$$

本书采用精度较高的四阶 Runge-Kutta 方法对外部扰动下的 QDL 的速率方程进行求解。然后计算出各个时刻的电场（光强）和载流子分布后，利用光谱、功率谱、相图等方法分析 QDL 输出的动力学特性。然而，目前只能针对定步长的时间序列进行光谱和功率谱分析，为了保证计算结果的准确性和可重复性，方程先用自适应步长进行计算，然后不断优化定步长的 h 使得计算结果与自适应步长一致。

2.2.2 复杂度分析方法

目前对于半导体激光器的非线性动力学特性的研究主要是对激光器产生的时间序列进行分析。激光器系统中的参量的变化会影响时间序列的值，时间序列中隐藏着系统的各种信息，因此利用时间序列中的参量来描述系统的动力学特征是一个重要的课题。通常可以使用一些概念来定性的描述动力学系统的复杂程度，例如稳定态、周期态、多周期态和混沌态等。但是为了更加准确、更加细致的掌握系统的动力学态的演化规律，可以采用一些数学的分析方法将系统复杂度进行量化。近年来，随着非线性科学的发展，出现了一些有效的判别系统复杂度的方法，例如，Lyapunov 指数、Kolmogorov-Sinai 熵（K 熵），关联维、以及排列熵等。本书主要使用排列熵来对任意序列的复杂度进行量化。

2002 年，德国格里夫斯瓦尔德大学的 C. Bandt 和 B. Pompe 首次提出了排列熵的计算方法。该方法基于信息论中的香农熵，算法简单、计算速度快，

对非线性单调变换具有鲁棒性和不变性，适合处理带有噪声的任意序列。系统中的无序或不确定性程度可以用熵的度量来量化，由概率分布 $P = \{p_i, i = 1, 2, \cdots, M\}$ 描述的物理过程的不确定性与 Shannon 熵有关：

$$S(p) = -\sum_{i=1}^{M} p_i \ln(p_i) \tag{2-34}$$

排列熵利用时间序列中的序数模式构造概率分布，对一时间序列 $\{x_t\}_{t=1,\cdots,N}$ 进行进行重构，得到的矢量为

$$X_t = [x(t), x(t+\tau), \cdots, x(t+(D-1)\tau)]_{t=1,\cdots,N} \tag{2-35}$$

其中 D 为相空间重构嵌入的维度，τ 为延迟时间。对于一个长度为 D 的矢量，可能存在的排列数为 $D!$ 个，D 的大小的选择受时间序列长度的约束。一般认为，要获得可信耐的统计值，时间序列的长度要远远大于 D 的大小，相关文献建议 D 的取值一般位于 3 到 7 之间。延迟时间 τ 是用于构造在确定 D 下向量值之间的时间分离，它是由系统的固有时间尺度和采样周期所决定的。对 X_t 进行升序排列可得

$$[x(t+(r_1-1)\tau), x(t+(r_2-1)\tau), ..., x(t+(r_D-1)\tau)] \tag{2-36}$$

取 $\tau = 1$ 时，对于每个时间 t，向量的序数可以转换成一个符号 $\pi = (r_1 - 1, r_2 - 1, \cdots, r_D - 1)$，定义 π 出现的频率为

$$p(\pi) = \frac{\#\{t \mid t \leqslant N-D+1; X_t \text{的排列}\pi\}}{N-D+1} \tag{2-37}$$

其中 $\#$ 表示总的个数，序数概率分布 $P = \{p(\pi_i), i = 1, \cdots, D!\}$。由 Shannon 熵可定义排列熵为

$$h(P) = -\sum p(\pi) \log_{D!} p(\pi) \tag{2-38}$$

归一化后可得

$$H(P) = \frac{h(P)}{h_{max}} = \frac{-\sum p(\pi) \log_{D!} p(\pi)}{h_{max}} \tag{2-39}$$

这种归一化排列熵给出了 $0 \leqslant H \leqslant 1$ 值，取 0 时表示时间序列完全可预测，而取 1 时表示完全随机的过程。

参考文献

［1］ NGUIMDO R M, VERSCHAFFELT G, DANCKAERT J, et al. Loss of time-delay signature in chaotic semiconductor ring lasers[J]. Optics Letters, 2012, 37（13）：2541-2543.

［2］ 李庆扬, 数值分析[M], 北京：清华大学出版社, 2008.

［3］ WANG Z, MA Q, DING X. Simulating stochastic differential equations with conserved quantities by improved explicit stochastic Runge-Kutta methods[J]. Mathematics, 2020, 8（12）：2195.

［4］ CITROA V, D'AMBROSIO R, DI G S. A-stability preserving perturbation of Runge-Kutta methods for stochastic differential equations[J]. Appl. Math. Lett., 2020, 102：106098.

3　基于半导体环形激光器的光反馈动力学研究

3.1　引　言

半导体激光器（Semiconductor Laser，SL）是目前应用比较广泛的光学器件之一，其电学和光学特性一直倍受关注[1-3]。SL 在外部光反馈的作用下可展示出单周期、倍周期、多周期以及混沌等丰富的非线性动力学态[4]，这些动力学态可用于光子微波信号的产生[5]，混沌加密[6]，混沌保密通信[7, 8]以及快速随机比特的产生[9]。

半导体环形激光器（Semiconductor Ring Laser，SRL）是一种特殊结构的 SL，它的显著特征是具有圆形几何的谐振腔，因此可以支持两种相反方向的模式：顺时针（Clockwise，CW）模式和逆时针（Counter Clockwise，CCW）模式[10, 11]。目前关于 SRL 的非线性动力学的基础研究和实际应用研究已经有大量报道。例如，PÉREZ 等人理论研究了 SRL 的双稳态及全光开关特性，发现双稳态是由两种反向传播模式的交叉增益饱和强于自饱和引起的，此特性可用于光脉冲寻址时的数据存储[12]。BERI 等人从拓扑角度研究半导体环形激光器非 Arrhenius 模式跳跃的特性，提出了一种基于二维动力系统的拓扑方法，解释了半导体环形激光器两种反向传播激光模式之间的随机开关现象[13]。COOMANS 等人理论上研究了利用光触发脉冲在可激发 SRL（非对称）中产生脉冲的可能性。他们提出了一种利用单脉冲触发的脉冲激励多个连续脉冲的机制，发现注入光与 SRL 内电场的相位差决定了相位空间中扰动的方向[14]。KHANDELWAL 等人研究发现可利用集成的 SRL 实现高性能的光学陀螺仪[15]。BUTLER 等人提出了一种基于 SRL 输出的混沌光产生高速随机比特数的方法，通过简单的后处理过程对混沌光波形进行多比特采样，可产生速率超过 1TB/s 的随机比特数[16]。此外关于 SRL 的光反馈动力学的研究也有相关报道，LI 等人利用 SRL 延迟反向互耦光反馈实现了时间和线宽可调的方波开关[17]。MASHAL 等人理论和实验研究了 SRL 在单向光反馈情况下的低频波动效应，通过改变泵浦电流或者反馈强度可调节低频波动的周期和强度[18]。KHODER 等人利用 SRL 的滤波光反馈实现了数字可调谐双波长发射光源[19]。

由于 SRL 存在两个反向传播模式，因此该激光器可存在两种不同的反馈结构，即自反馈和交叉光反馈。目前关于 SRL 的光反馈动力学的研究主要集中在自反馈结构上面，对于双向交叉光反馈动力学的研究还未见报道。由于 SRL 的两个模式共用载流子，因此双向交叉光学反馈会引起两个传播模式的相互扰动，也将会产生一系列非线性动力学现象。为了深入了解 SRL 在交叉光反馈下的动力学特性，本书将利用 SRL 的速率方程，通过仿真计算来讨论 SRL 在对称光反馈、反馈时间不对称和反馈强度不对称三种不同反馈情况下可能出现的非线性动力学态，计算各种情况下产生的混沌的标准带宽，并利用自相关函数计算混沌信号的时延特性。研究结果可为 SRL 的实践应用提供一定的理论参考。

3.2　数值模型及描述

图 3-1 给出了半导体环形激光器交叉光反馈下的示意图，CW 为顺时针方向，CCW 为逆时针方向。左边的两个反馈环路将光反馈回了激光器，其中 CW 方向的光反馈到 CCW 方向，而 CCW 方向的光反馈到 CW 方向，此时的光反馈结构为交叉光反馈。结合文献[13]提出的 SRL 模型，考虑顺时针传播的模式 E_{cw}，逆时针传播的模式 E_{ccw} 和载流子数 N，并引入交叉反馈项，半导体环形激光器（SRL）光反馈下的速率方程表示为

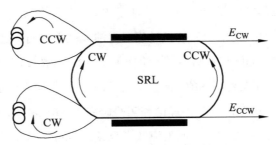

图 3-1　半导体环形激光器光反馈示意图

$$\frac{dE_{CW}}{dt} = \kappa(1+i\alpha)[g_{CW}N-1]E_{CW} - (k_d+ik_c)E_{CCW}e^{i\varphi} +$$
$$\eta_{CCW}E_{CCW}(t-T_{CCW})e^{-i\omega_0 T_{CCW}} \tag{3-1}$$

$$\frac{dE_{CCW}}{dt} = \kappa(1+i\alpha)[g_{CCW}N-1]E_{CCW} - (k_d+ik_c)E_{CW}e^{i\varphi} +$$
$$\eta_{CW}E_{CW}(t-T_{CW})e^{-i\omega_0 T_{CCW}} \tag{3-2}$$

$$\frac{dN}{dt} = \gamma[\mu-N-g_{CW}N|E_{CW}|^2 - g_{CCW}N|E_{CCW}|^2] \tag{3-3}$$

$$g_{CW} = (1-s|E_{CW}|^2 - c|E_{CCW}|^2) \tag{3-4}$$

$$g_{CCW} = (1-s|E_{CCW}|^2 - c|E_{CW}|^2) \tag{3-5}$$

其中，κ 为电场衰减率，γ 为载流子衰减率。(k_d+ik_c) 为反向散射系数，k_d 和 k_c 为保守和耗散系数。η_{CW} 与 η_{CCW} 为两个方向的反馈系数，$E_{CW}(t-T_{CW})$ 与 $E_{CCW}(t-T_{CCW})$ 为两个方向反馈回激光器的电场复振幅，$\omega_0 T_{CW}$ 与 $\omega_0 T_{CCW}$ 为时间延迟引起的两个方向的相位差。g_{CW} 与 g_{CCW} 为两个方向的增益系数，s 和 c 分别代表增益自饱和互饱和系数。μ 为归一化的偏置电流，$\mu=1$ 为阈值电流。参考文献[13]，本书仿真所使用的参数取值为：$\kappa=100\ ns^{-1}$，$\gamma=0.2\ ns^{-1}$，$s=0.005$，$c=0.01$，$k_d=0.033\ ns^{-1}$，$k_c=0.44\ ns^{-1}$，$\mu=2.4$。

半导体激光器在外腔光反馈下，存在由外腔长度确定的与外腔模式周期性有关的时延特征，而抑制时延特征是混沌安全通信中的关键。通常研究混沌信号时延特征的方法是计算时间序列在各个时刻的自相关值，自相关函数的数学定义式为

$$C(\Delta t) = \frac{\langle[x(t)-\langle x(t)\rangle][x_s(t)-\langle x_s(t)\rangle]\rangle}{\sqrt{\langle[x(t)-\langle x(t)\rangle]^2\rangle\langle[x_s(t)-\langle x_s(t)\rangle]^2\rangle}} \tag{3-6}$$

其中，$x(t)$ 为任一时间序列，Δt 为时间延迟，$\langle \cdot \rangle$ 表示时间平均，$x_s(t) = x(t + \Delta t)$，$C(\Delta t)$ 为时间延迟为 Δt 时的自相关系数的值。

3.3 结果及讨论

3.3.1 对称光反馈

研究了 SRL 在对称的交叉反馈下的非线性动力学特性，图 3-2 给出了在不同反馈强度下的时间序列和相应的功率谱。由于在对称光反馈情况下，CW 与 CCW 方向输出的电场完全相同，因此本书只给出了一个方向的图。当 $\eta_{\mathrm{CW}} = \eta_{\mathrm{CCW}} = 0.5 \, \mathrm{ns^{-1}}$ 时[图 3-2（a1），（a2）]，时间序列显示出规则的周期振荡，功率谱中最大的峰值对应的频率为 $f_0 = 1.20 \, \mathrm{GHz}$，最大峰值后面对应的小的峰值为高次谐波，可判断此时 SRL 处于单周期振荡态，振荡频率 f_0 与激光器的弛豫振荡频率 $f_{\mathrm{RO}} = \sqrt{2(\mu-1)\gamma\kappa}/2\pi = 1.20 \, \mathrm{GHz}$ 相同。文献[20]指出半导体激光器（SLs）在光反馈下能够产生丰富的动力学态是由于外腔振荡与弛豫振荡竞争的结果，对于 SRL 的对称反馈结构，由于反馈光的持续扰动，使得激光器脱离了平衡态工作，在反馈光较弱的情况下弛豫振荡强于外腔振荡，使得激光器振荡频率 f_0 与 f_{RO} 相同。当 $\eta_{\mathrm{CW}} = \eta_{\mathrm{CCW}} = 0.6 \, \mathrm{ns^{-1}}$ 时[图 3-2（b1），（b2）]，从时间序列图中可以看出输出光强的峰值出现了小的波动，功率谱中基频 f_0 的前面出现了多个峰值，这些峰值对应的频率为低次谐波，此时 SRL 处于多周期振荡状态。当 $\eta_{\mathrm{CW}} = \eta_{\mathrm{CCW}} = 0.8 \, \mathrm{ns^{-1}}$ 时[图 3-2（c1），（c2）]，时间序列的峰值强度波动明显加强，同样功率谱中的次谐波峰值明显增大，此时 SRL 还是处于多周期振荡状态。当 $\eta_{\mathrm{CW}} = \eta_{\mathrm{CCW}} = 2.0 \, \mathrm{ns^{-1}}$ 时[图 3-2（d1），（d2）]，时间序列出现了不规则随机振荡，功率谱明显展宽并且无明显峰值，此时 SRL 处于混沌振荡态。

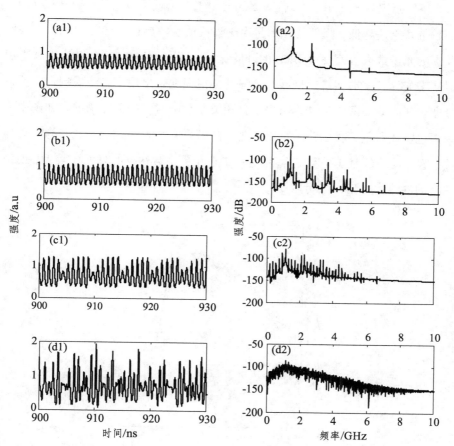

图 3-2 固定反馈时间 $T_{CW} = T_{CCW} = 5$ ns，不同反馈系数情况下的时间序列（第一列）和对应的功率谱（第二列）[参数情况为：（a1，a2）$\eta_{CW} = \eta_{CCW} = 0.5$ ns^{-1}，（b1，b2）$\eta_{CW} = \eta_{CCW} = 0.6$ ns^{-1}，（c1，c2）$\eta_{CW} = \eta_{CCW} = 0.8$ ns^{-1}，（d1，d2）$\eta_{CW} = \eta_{CCW} = 2$ ns^{-1}]

研究了在对称光反馈下产生混沌的特性，图 3-3 给出了混沌带宽（BW）随注入系数的分布和当 $\eta_{CW} = \eta_{CCW} = 2.0$ ns^{-1} 时的自相关系数，其中混沌信号的带宽被定义为从直流分量（DC）到总功率的 80% 包含在其功率谱中的频率跨度[21]。如图 3-3（a）所示，随着反馈系数的增加，混沌带宽逐渐增加，当 $\eta_{CW} = 17.0$ ns^{-1} 时，出现了一个极值 BW = 3.5 GHz，进一步增加反馈系数，带宽下降后又逐渐上升，在 $\eta_{CW} = 22.0$ ns^{-1} 时，出现了极大值 BW = 3.7 GHz，随后带宽迅速降低，降低的原因是由于当反馈系数超过 22.0 ns^{-1} 时，反馈回腔内的光子数太多而使得 SRL 的外腔振荡变强，使得 SRL 的动力学状态由混沌态变为了多周期态，最后在较强的反馈强度时出现了自注入锁定，使得带宽迅速降低。图 3-3（b）给出了自相关系数随时间的分布情况，如图中两条黑色竖线所示，在 ± 5 ns 的处出现了自相关极大值 $C = 0.4$，此时为中等相关，这是反馈延时 T_{CW} 和 T_{CCW} 引起的。自相关系数在延时处的值较大，说明此时的混沌的时延特征明显。

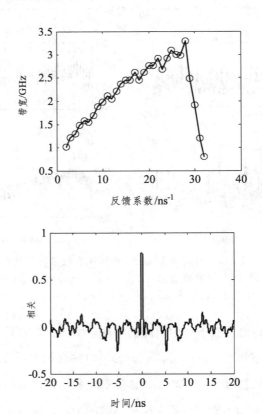

图 3-3　对称光反馈，$T_{CW} = T_{CCW} = 5$ ns，（a）不同反馈系数情况下的带宽与
（b）$\eta_{CW} = \eta_{CCW} = 2$ ns^{-1} 时的自相关系数

3.3.2　反馈延时不对称光反馈

图 3-4 给出了时间不对称反馈时的时间序列及功率谱图,当 $\eta_{CW} = \eta_{CCW} =$ 0.5 ns^{-1} 时[图 3-4(a1)~(a3)],从时间序列图中可以看出,CW 和 CCW 方向输出的光强出现了低频波动现象,振动的周期为 22 ns,同时在每个大的周期内光强还出现了小振幅的脉冲振荡。随着小的脉冲振荡,光强逐渐恢复到大的值,然后再降低,如此周期往复。此类低频波动现象在边沿发射激光器(EEL)和垂直腔面表面发射激光器(VCSEL)在经受光反馈时曾被观察到,其产生的物理机制主要有以下两种解释:Mork 等人认为低频波动是由于外腔模的双稳态与低强度状态的竞争引起的[22];Sacher 等人认为低频波动发生在混沌吸引子上,低频波动系统是一个具有最大增益的外腔模的确定性混沌巡回过程,其中输出功率的降低是由反向模与混沌吸引子之间的竞争引起的[23]。图 3-4(a1)中还可以发现 CW 和 CCW 两个方向的输出光强是反向振动的,当一个方向输出功率较大时,另外一个的输出光强变小,出现此类现象的原因是由于两个方向的模式共用载流子造成的,当偏置电流一定时,总的输出光强恒定,一个方向的光强的增加必然伴随着另一个的减小。图 3-4(a2),(a3)给出了两个方向的功率谱,功率谱的峰值对应的是低频振荡的频率 $f_{lf} = 0.08$ GHz,此频率远小于 f_{R0},说明在反馈延时不对称光反馈的情况下,在较小的反馈强度下,外腔振荡已经强于弛豫振荡,f_{lf} 与两个反馈时间和的倒数近似相等。当 $\eta_{CW} = \eta_{CCW} = 0.6$ ns^{-1}[图 3-4(b1)~(b3)],此时低频波动的周期变小,同时高强度部分的振荡加剧,功率谱中的频率成分明显增加,说明此时 SRL 已经处于混沌振荡的边缘。当 $\eta_{CW} = \eta_{CCW} = 2.0$ ns^{-1}[图 3-4(c1)~(c4)],此时 CW 和 CCW 方向已经处于混沌振荡,功率谱明显展宽并无明显峰值。但是通过时间序列仍然可以看出,此时的两个方向的混沌振荡依然是反向的。

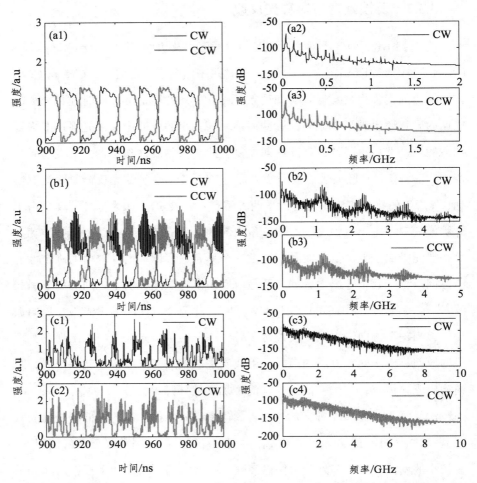

图 3-4　固定反馈时间 $T_{CW} = 5$ ns，$T_{CCW} = 8$ ns，不同反馈系数情况下的时间序列（第一列）和对应的功率谱（第二列）[参数情况为：（a1 ~ a3）$\eta_{CW} = \eta_{CCW} = 0.5$ ns^{-1}，（b1 ~ b3）$\eta_{CW} = \eta_{CCW} = 0.6$ ns^{-1}，（c1-c4）$\eta_{CW} = \eta_{CCW} = 2$ ns^{-1}。红线代表 CW 方向，蓝线代表 CCW 方向]

　　研究了时间不对称光反馈混沌带宽和时延特性，图 3-5 给出了混沌带宽随注入系数的分布和当 $\eta_{CW} = \eta_{CCW} = 2.0$ ns^{-1} 时的自相关系数。如图 3-5（a）所示，随着反馈系数的增加，混沌带宽逐渐增加，但在增加过程中伴随着小的波动，当 $\eta_{CW} = 28.0$ ns^{-1} 时，出现了极大值 BW = 3.4 GHz，然后随着反馈系数的增加迅速减小。与对称情况相比，时间不对称光反馈由混沌态转换为多周期态需要的反馈系数要更大一些，但最大混沌带宽略小与对称情况。如图 3-5（b）所示，自相关系数在 T_{CW}，T_{CCW}，以及 $T_{CW} + T_{CCW}$ 出现了极值，说明除了由于两路不同时间的反馈引起的相关系数增加以外，在两路的时间和的地方也出现了强相关，但是在 5 ns 处的相关的最大值减小到了 0.25，此时为弱相关，说明利用时间不对称光反馈较好地抑制了混沌时间序列的时延特征，此时产生的混沌信号可作为保密通信的信号源。

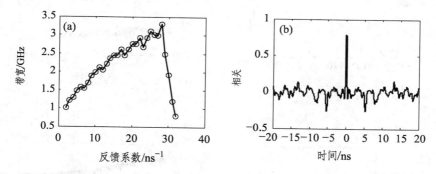

图 3-5　时间不对称光反馈，$T_{CW} = 5$ ns，$T_{CCW} = 8$ ns，（a）不同反馈系数情况下的带宽与（b）$\eta_{CW} = \eta_{CCW} = 2.0$ ns^{-1} 时的自相关系数

3.3.3　反馈强度不对称光反馈

图 3-6 给出了反馈强度不对称光反馈时的时间序列及对应的功率谱，当 $\eta_{CW} = 0.6$ ns^{-1}，$\eta_{CCW} = 0.5$ ns^{-1} 时[图 3-6（a1）～（a3）]，时间序列显示为低频反相位振荡，振荡周期为 8 ns，功率谱的最大峰值对应的为相应的低频振荡频率 0.125 GHz，当 $\eta_{CW} = 0.7$ ns^{-1}，$\eta_{CCW} = 0.6$ ns^{-1} 时[图 3-6（b1）～（b3）]，此时高强度部分的脉冲振荡变得无规律，功率谱中的频率成分变多，此时已经处于混沌振荡的边缘。当 $\eta_{CW} = 2.0$ ns^{-1}，$\eta_{CCW} = 1.9$ ns^{-1} 时[图 3-6（c1）～（c4）]，此时 SRL 处于混沌振荡态，功率谱明显展宽并无明显峰值。可以看出此时的动力学演化路径与时间不对称光反馈相类似。

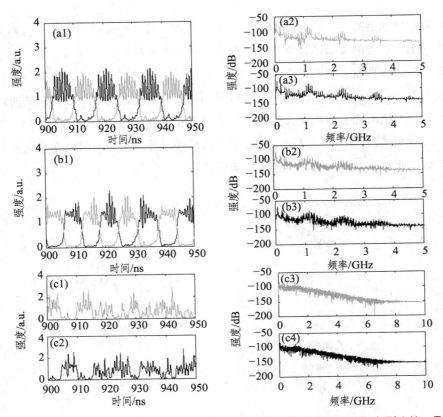

图 3-6　固定反馈时间 $T_{CW} = T_{CCW} = 5$ ns，不同反馈系数情况下的时间序列（第一列）和对应的功率谱（第二列）[参数情况为：（a1～a3）$\eta_{CW} = 0.6$ ns^{-1} 和 $\eta_{CCW} = 0.5$ ns^{-1}，（b1～b3）$\eta_{CW} = 0.7$ ns^{-1} 和 $\eta_{CCW} = 0.6$ ns^{-1}，（c1～c3）$\eta_{CW} = 2$ ns^{-1} 和 $\eta_{CCW} = 1.9$ ns^{-1}]

　　图 3-7 给出了当 SRL 处于强度不对称光反馈时混沌带宽随注入系数的分布和当 $\eta_{CW} = 2.0$ ns^{-1} 和 $\eta_{CCW} = 1.9$ ns^{-1} 时的自相关系数。为了便于作图，图中的横坐标为反馈系数 η_{CW}，而相应的 η_{CCW} 的值总是比 η_{CW} 小 0.1 ns^{-1}。如图 3-7（a）所示，随着反馈系数的增加，混沌带宽逐渐增加，当 $\eta_{CW} = 25.0$ ns^{-1} 时，出现了极大值 BW = 3.0 GHz，然后随着反馈系数的增加迅速减小。可以看出，三种不同反馈情况下产生混沌的最大带宽差别不是很大，这是因为影响混沌带宽的主要因素是激光器的弛豫振荡频率，而存在较小的差别是由于反馈结构不同造成的。同时三种情况下带宽的变化趋势相类似，都是随着反

馈系数的增大而慢慢增大，当反馈系数高于某个值时，由于动力学态的变化而使得带宽迅速降低。由于受 SRL 的弛豫振荡频率的限制，三种反馈情况下产生的最大混沌带宽不是很大，但能够满足混沌保密通信的基本需要。如图 3-7（b）所示，自相关系数在 T_{CW} 的整数倍处出现了极值，在 5 ns 处的相关的最大值为 0.41，与对称光反馈相似，此时为中度相关，说明时延特征没有被很好地抑制。

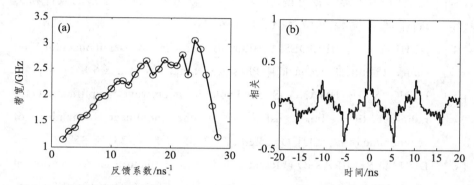

图 3-7　强度不对称光反馈，$T_{CW} = T_{CCW} = 5$ ns，（a）不同反馈系数情况下的带宽与（b）$\eta_{CW} = 2.0$ ns^{-1} 和 $\eta_{CCW} = 1.9$ ns^{-1} 时的互相关系数与延迟时间的关系

3.4　结　论

本文理论研究了半导体环形激光器（SRL）在外部交叉光反馈情况下的非线性动力学特性。在对称光反馈下 SRL 出现了单周期、多周期和混沌的等非线性动力学态，在时间不对称和强度不对称光反馈情况下 SRL 出现了低频反相波动和混沌态。同时也研究了反馈系数对混沌带宽及时间延迟特性的影响，发现在对称光反馈时，得到的最大混沌带宽为 3.7 GHz，在时间不对称和强度不对称光反馈时，最大带宽分别为 3.4 GHz 和 3.0 GHz。此外，在时间不对称光反馈时，产生的混沌信号的时延特征被很好地抑制，而对于反馈时间相同的光反馈在反馈延时的整数倍处时延特征较为明显。研究发现，时间不对称光反馈产生的混沌信号时延抑制的更好，带宽也能满足通信要求。本章的研究结果可为 SRL 的实际应用提供一定的理论参考。

参考文献

［1］ 杨孝敬, 焦清局, 王乙婷. 光束参量积对半导体激光器光束质量的评估[J]. 激光技术, 2018, 42（6）: 859-861.

［2］ 汪 菲, 唐霞辉, 钟理京, 等. 基于陶瓷焊接的半导体激光器合束及聚焦研究[J]. 激光技术, 2018, 42（2）: 282-288.

［3］ 吴政南, 谢江容, 杨雁南. 高功率半导体激光器光束整形的设计和实现[J]. 激光技术, 2017, 41（3）: 416-420.

［4］ HOHL A, GAVRIELIDES A. Bifurcation cascade in a semiconductor laser subject to optical feedback[J]. Phys. Rev. Lett., 1999, 82（6）: 1148-1151.

［5］ HUNG Y H, HWANG S K. Photonic microwave amplification for radio-over-fiber links using period-one nonlinear dynamics of semiconductor lasers[J]. Opt. Lett., 2013, 38（17）: 3355-3358.

［6］ DONATI S, MIRASSO C R. Introduction to the feature section on optical chaos and applications to cryptography[J]. IEEE J. Quantum Electron., 2002, 38（9）: 138-1140.

［7］ ARGYRIS A, SYVRIDIS D, LARGER L, et al. Chaos-based communications at high bit rates using commercial fibreoptic links[J]. Nature, 2005, 438（7066）: 343-346.

［8］ SORIANO M C, COLET P, MIRASSO C R. Security implications of open-and closed-loop receivers in all-optical chaos-based communications[J]. IEEE Photon. Technol. Lett., 2009, 21（7）: 426-428.

［9］ UCHIDA A, AMANO K, INOUE M, et al. Fast physical random bit generation with chaotic semiconductor lasers[J]. Nature Photon., 2008, 2（12）: 728-732.

［10］ ERMAKOV I V, VAN DER SANDE G, DANCKAERT J. Semiconductor ring laser subject to delayed optical feedback: bifurcations and stability[J]. Commun. Nonlinear Sci. Numer. Simul., 2012, 17, 4767-4779.

[11]　SOREL M, GIULIANI G, SCIRÉ A, et al. Operating regimes of GaAs-AlGaAs semiconductor ring lasers: experimental and model[J]. IEEE J. Quantum Electron, 2003, 39（9）: 1187-1195.

[12]　PÉREZ T, SCIR A, VAN D S G, et al. Bistability and all-optical switching in semiconductor ring lasers[J]. Opt. Express, 2007, 15（20）: 12941-12948.

[13]　BERI S, GELENS L, MESTRE M, et al. Topological insight into the Non-Arrhenius mode hopping of semiconductor ring lasers[J]. Phys. Rev. Lett., 2008, 101（9）: 093903.

[14]　COOMANS W, GELENS L, BERI S, et al. Solitary and coupled semiconductor ring lasers as optical spiking neurons[J]. Phys. Rev. E, 2011, 84（3）: 036209.

[15]　KHANDELWAL A, SYED A, NAYAK J. Performance evaluation of integrated semiconductor ring laser gyroscope[J]. J. Lightwave Technol., 2017, 35（16）: 3555-3561.

[16]　BUTLER T, DURKAN C, GOULDING D. et al. Optical ultrafast random number generation at 1 Tb/s using a turbulent semiconductor ring cavity laser[J]. Optics Letters, 2016, 41（2）: 388-391.

[17]　LI S S, LI X Z, ZHUANG J P, et al. Square-wave oscillations in a semiconductor ring laser subject to counter-directional delayed mutual feedback[J], Optics Letters, 2016, 41（4）: 812-815.

[18]　MASHAL L, NGUIMDO R M, VAN D S G, et al. Low-frequency fluctuations in semiconductor ring lasers with optical feedback[J], IEEE J. Quantum Electron., 2013, 49（9）: 790-797.

[19]　KHODER M, VERSCHAFFELT G, NGUIMDO R M, et al. Digitally tunable dual wavelength emission from semiconductor ring lasers with filtered optical feedback[J], Laser Phys. Lett. 2013, 10: 075804.

[20]　SCIAMANNA M, SHORE K A. Physics and applications of laser diode chaos[J]. Nat. Photonics, 2015, 9: 151-162.

[21] LIN F Y, LIU J M. Nonlinear dynamical characteristics of an optically injected semiconductor laser subject to optoelectronic feedback[J]. Opt. Commun., 2003, 221 (1): 173-180.

[22] MORK J, TROMBORG B, CHRISTIANSEN P L. Bistability and low-frequency fluctuations in semiconductor lasers with optical feedback: a theoretical analysis[J]. IEEE J. Quantum Electron., 1988, 24 (2): 123-133.

[23] SACHER J, ELSASSER W, GOBEL E O. Intermittency in the coherence collapse of a semiconductor laser with external feedback[J]. Phys. Rev. Lett., 1989, 63 (20): 2224-2227.

4 相位共轭光反馈下半导体环形激光器的动力学

4.1 引　言

外部光反馈下的半导体激光器（SL）系统能够产生自脉冲、单周期、倍周期、间歇性振荡和混沌等丰富的非线性动力学行为，这些动力学行为可应用在光子微波信号产生及处理，混沌保密通信、人工光子神经网络、传感器及随机数产生等领域[1-8]。其中，关于相位共轭光反馈下的 SL 的动力学研究一直是理论和实验研究的热点[9-19]。相位共轭光反馈与普通光反馈的区别是将普通的平面反射镜替代为相位共轭镜，使反馈回激光器中的电场复振幅共轭并且相位发生相应移动[12]。目前，关于 SL 在相位共轭光反馈下的非线性动力学研究已有大量报道，例如，MERCIER 等人理论和实验上研究了 SL 在相位共轭光反馈下的动力学演化路径，当反馈速率逐渐增加时，先后观察到了稳态、无阻尼弛豫振荡、准周期振荡、混沌和振荡频率高达外腔频率 13 倍的谐波振荡[9]。SATTAR 等人理论分析了相位共轭反馈下的纳米 SL 的动力学响应，发现在同等条件下产生混沌信号时，相位共轭光反馈比传统的镜像反馈需要更高的反馈速率，但是前者比后者的噪声更低[12]。JIANG 等人系统地研究了闭环外腔相位共轭反馈下的 SL 注入锁定混沌同步和通信特性。研究表明，相对于传统的光反馈情况，相位共轭光反馈系统的混沌同步质量更高，混沌通信的性能更好[13]。BOUCHEZ 实验和理论上分析了 SL 在相位共轭反馈作用下产生的混沌动力学。其中，相位共轭是由 BaTiO$_3$ 光折变晶体中的四波混频得到的。他们实验发现混沌带宽首先随反馈强度线性增加，然后饱和到相对较高的值（18 GHz 左右），此值约为自由运行 SL 的弛豫振荡频率的 5 倍。数值模拟结果证实了他们的实验观察，并揭示出晶体的有限穿透深度是导致带宽饱和的原因。此外，相关研究还表明，SL 在相位共轭反馈下还会展示出低频波动和自脉冲动力学[15]。

半导体环形激光器（SRL）是一种具有环形波导谐振腔的激光器，它的腔内能够产生两个相向的传播模式，即顺时针（CW）和逆时针（CCW）模式。由于 SRL 的特殊结构使得它成为光子集成电路的理想光源[16]，此外，在外部扰动的作用下它也展示出许多有趣的非线性动力学[20-27]。例如在双向交叉光反馈的作用下，SRL 的两个模式能够出现交替开关的行为[20]，并且通过增加 SRL 的线宽增强因子能够获得低时延特征的混沌信号[21]。在单向反向反馈或者交叉互反馈下会引起 SRL 的一个模式或两个模式的方波振荡[22-23]。另外，通过将光反馈下 SRL 产生的混沌信号注入到另一个 SRL 中能够产生大带宽、低时间延迟特征的混沌信号，并将此信号应用到了随机数产生中[24]。此外，在外部光脉冲注入下 SRL 能够产生全光开关和双稳[25]。虽然关于 SRL 在外部光注入和光反馈下的非线性动力学已有较多研究，并取得了较为丰硕的成果。然而，关于相位共轭光反馈下 SRL 的研究却未见报道。下面将利用双模 SRL 的行波模型来研究 SRL 在外部相位共轭光反馈下的非线性动力学，通过时间序列、光谱以及吸引子图来判断几种典型参数下的动力学类型，并且将详细讨论产生混沌信号的时间延迟特征和带宽。

4.2 理论模型描述

图 4-1 展示了 SRL 在外部相位共轭交叉光反馈下的示意图。如图所示，SRL 有两个输出模式（CW 模和 CCW 模），其中，CW（CCW）方向的输出光经相位共轭镜（PCM）后反馈回腔内 CCW（CW）方向，此结构为交叉光反馈结构。本文采用双模行波模型来描述 SRL 的动力学，该模型成功解释了实验中所观测到的双模同时辐射、单模辐射和两个模式竞争等物理现象[28]。模型考虑了反向散射的保守和耗散耦合，并加入了自饱和与互饱和因子。考虑相位共轭反馈项后，描述 SRL 的动力学的速率方程为[20, 28]

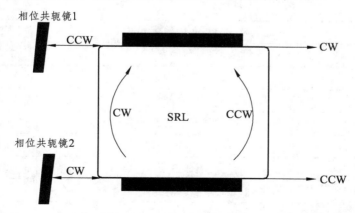

图 4-1 半导体环形激光器（SRL）相位共轭交叉光反馈示意图

$$E(x,t) = E_1(t)\exp[-\mathrm{i}(\Omega t - kx)] + E_2(t)\exp[-\mathrm{i}(\Omega t + kx)] \qquad （4-1）$$

$$\frac{\mathrm{d}E_1}{\mathrm{d}t} = k(1+\mathrm{i}\alpha)[g_1 N - 1]E_1 - (k_d + \mathrm{i}k_c)E_2\exp(\mathrm{i}\phi) + k_2 E_2^*(t-T_2)\exp(\mathrm{i}\phi_2)$$

$$（4-2）$$

$$\frac{\mathrm{d}E_2}{\mathrm{d}t} = k(1+\mathrm{i}\alpha)[g_2 N - 1]E_2 - (k_d + \mathrm{i}k_c)E_1\exp(\mathrm{i}\phi) + k_1 E_1^*(t-T_1)\exp(\mathrm{i}\phi_1)$$

$$（4-3）$$

$$\frac{\mathrm{d}N}{\mathrm{d}t} = \gamma[\mu - N - g_1 N|E_1|^2 - g_2 N|E_2|^2] \qquad （4-4）$$

$$g_1 = 1 - s|E_1|^2 + c|E_2|^2 \qquad （4-5）$$

$$g_2 = 1 - s|E_2|^2 + c|E_1|^2 \qquad （4-6）$$

式中，E 表示腔内传播的复电场，E_1 和 E_2 分别代表 CW 和 CCW 模式的电场，x 表示腔内坐标，Ω 表示光的角频率，$k = 2\pi/\lambda$ 表示波矢，λ 光波波长。N 代表载流子数，g_1 和 g_2 分别为两个模式的增益。$k_1 E_1^*(t-\tau_1)$ 和 $k_2 E_2^*(t-\tau_2)$ 为两个模式的共轭反馈项，k_1 和 k_2 为反馈速率，T_1 和 T_2 为反馈时间。由于参数较多，本文考虑 $T_1 = T_2 = T$ 和 $k_1 = k_2 = k$ 的情况。ϕ_1 和 ϕ_2 为共轭镜引起的电场相位的变化[14]。其他的器件参数及取值请见表 4-1。

表 4-1　SRL 物理参数及取值

符号	参数	取值
μ	归一化的偏置电流	2.4
s	自饱和系数	5×10^{-3}
c	交叉饱和系数	0.01
k/ns^{-1}	场衰减率	100
γ/ns^{-1}	载流子翻转衰减率	0.2
ϕ	耦合相位	0
k_d/ns^{-1}	耗散耦合率	0.033
k_c/ns^{-1}	保守耦合率	0.44
α	线宽增强因子	3.5

为了量化混沌信号的时间延迟特征，本书引入了自相关函数：

$$C(\Delta t) = \frac{\left\langle \left(P(t+\Delta t) - \langle P(t)\rangle\right)\left(P(t) - \langle P(t)\rangle\right)\right\rangle}{\left(\left\langle P(t+\Delta t) - \langle P(t)\rangle\right\rangle^2 \left\langle P(t) - \langle P(t)\rangle\right\rangle^2\right)^{1/2}}$$　　　　（4-7）

其中 $P(t)$ 和 $P(t+\Delta t)$ 为混沌时间序列在 t 和 $t+\Delta t$ 时刻的强度值。

4.3 结果与讨论

首先研究双路相位共轭交叉光反馈相位变化不同步的情况，图 4-2 给出了 $\Phi_2 - \Phi_1 = 0.5\pi$ 和 $k = 0.8\ \text{ns}^{-1}$ 下反馈时间取不同值时 SRL 输出的时间序列。当注入电流为 2.4 时，自由运行时 SRL 的弛豫振荡时间为 $\tau_{RO} \approx 2\pi/\sqrt{2(\mu-1)\gamma k} = 0.84\ \text{ns}$。当反馈时间 $T = 5\ \text{ns}$ 时，如图 4-2（a）所示，CW 模和 CCW 模的输出强度呈现出低频反相振荡，振荡周期近似为 19 ns，频率为 52.6 MHz。图中的插图给出了时间在 850 ns 到 880 ns 之间的放大图，可以看出两个模式出现了与光学开关类似的交替振荡行为。同时，除了频率为 52.6 MHz 的慢速振荡，当两个模式中的一个模式成为主振模后，该模式还将进行一段快速的振荡，振荡周期与 SRL 激光器的弛豫振荡周期相同，这是由于系统在外部扰动下的弛豫振荡引起的。在传统光学反馈的情况下，低频振荡已被认为是确定性的高维混沌，它是在混沌的演化过程中稳定的固定点吸引子被破坏造成的[16]。类似的低频振荡现象在普通的 SL 相位共轭反馈下也被观察到[14, 16]。但是，与传统的单模 SL 不同的是，SRL 具有两个反向的传播模式，这两个模式的振荡的方式是反相的。这与量子点 SL 在外部光注入下出现的双模振荡相类似，这种振荡行为在光子神经元通信上具有潜在的应用，目前已经成为了研究的热点[29]。当 $T = 10\ \text{ns}$ 时，如图 4-2（b）所示，随着反馈时间变长，低频振荡的周期增加到了 33.5 ns，相应频率减小到 29.9 MHz。但是对于快速振荡的部分，振荡周期还是与弛豫振荡周期相同。当 $T = 15\ \text{ns}$ 时，低频反相振荡周期进一步增加，达到了 48.1 ns（频率为 20.8 MHz），而快速振荡部分还是与弛豫振荡频率相同。低频反相振荡周期随着反馈延时 T 增加而增加的原因是随着 T 的增加反馈引起的自我复制时间变长引起的。这说明，在两个模式相位变化不相同的情况下，通过改变反馈延迟时间可以调节低频反相振荡的周期，但是与弛豫振荡频率相关的振荡周期却始终保持不变。

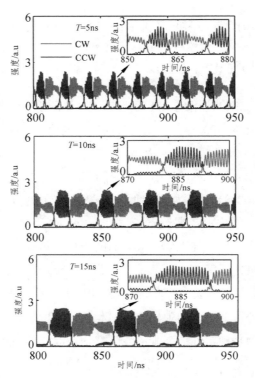

图 4-2　当 $\Phi_2 - \Phi_1 = 0.5\pi$，$k = 0.8$ ns^{-1} 时顺时针（CW）和
逆时针（CCW）模的时间序列

　　研究了双路相位共轭光反馈相位变化同步的情况，由于对称光反馈下 CW 模和 CCW 模的输出相同，图 4-3 只给出了 $\Phi_2 - \Phi_1 = 0$，$T = 5$ ns 时 SRL 输出 CW 模的时间序列、光谱和相图。当 $k = 0.4$ ns^{-1} 时，如图 4-3（a）、（b）、（c）所示，时间序列表现单周期振荡。光谱中包含一系列等间隔的频率成分，频率间隔为 1.26 GHz，与此电流下的弛豫振荡频率（$f_{\mathrm{RO}} = 1/\tau_{\mathrm{RO}} = 1.19$ GHz）近似相等，说明光反馈诱导了 SRL 的持续弛豫振荡。相图展现出一个闭合的圆环，进一步说明此时 SRL 工作在单周期态。当 $k = 0.8$ ns^{-1} 时，如图 4-3（d）、 （e）、（f）所示，时间序列为多个峰值的周期性振荡，光谱中频率成分明显增多，相图中为多个圆环重叠在一起，说明此时 SRL 进入了多周期态。当 $k_1 = 6 \text{ ns}^{-1}$ 时，如图 4-3（g）、（h）、（i）所示，时间序列表现为无规则振荡，光谱明显展宽且无明显峰值，相图中的吸引子为无限多个重叠在一起的圆环并具有遍历性，说明此时 SRL 进入了混沌态。以上研究表明在相位共轭光反馈下，SRL 能产生单周期、多周期和混沌态等动力学。SRL 在共轭光反馈下产生这些动力学的物理原因是激光器的弛豫振荡频率 f_{RO} 和外腔模 $f_{EC} = c/2L$ 竞争的结果，其中 c 为光速，L 为外腔长。当 $f_{EC} \ll f_{RO}$ 时，可产生低频波动和周期性脉冲到混沌动力学的演化，而混沌动力学是相干塌陷的结果[30]。此外，产生的混沌信号的光谱与放大的自发辐射（ASE）噪声谱相类似[31]。

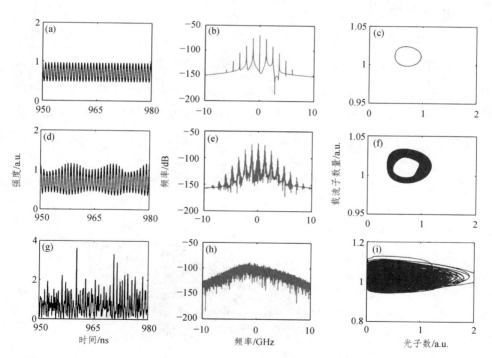

图 4-3　当 $\Phi_2 - \Phi_1 = 0$，$T = 5$ ns 时半导体环形激光器（SRL）输出的时间序列（第一列）、光谱（第二列）和相图（第三列）[（a）（b）（c）$k = 0.4 \text{ ns}^{-1}$；（d）（e）（f）$k = 0.8 \text{ ns}^{-1}$；（g）（h）（i）$k = 6 \text{ ns}^{-1}$]

为了全面掌握 SRL 在双路相位共轭光反馈下的动力学演化路径，图 4-4 绘制了当 $\Phi_2 - \Phi_1 = 0$，$T = 5\ \text{ns}$ 时的分岔图，图中的点代表了每一个反馈强度所对应的时间序列的极值。如图所示，当 k 从 $0\ \text{ns}^{-1}$ 增加到 $0.25\ \text{ns}^{-1}$ 时，分岔图中只有一个极值，SRL 工作在稳定态。出现稳定态的原因是，当反馈强度较小时，外腔模与弛豫振荡的竞争较弱，因此不能扰动 SRL 进入更复杂的动力学。当 k 位于 $0.25\ \text{ns}^{-1}$ 和 $0.60\ \text{ns}^{-1}$ 之间时，分岔图中有两个极值，分别对应于强度时间序列的极大值和极小值，此时 SRL 工作在单周期态。单周期态的出现是由于外部光反馈的扰动使 SRL 出现了持续的无阻尼弛豫振荡。继续增加 k 从 $0.60\ \text{ns}^{-1}$ 到 $0.90\ \text{ns}^{-1}$，分岔图中出现了多个极值，但是不具备遍历性，说明此时 SRL 工作在多周期态。当 k 大于 $0.90\ \text{ns}^{-1}$ 时，分叉图中的极值数增多并具有遍历性，说明此时 SRL 工作在混沌态。混沌态的产生是由于外腔模与弛豫振荡竞争加剧而出现了相干坍陷，并出现了高维吸引子。由于混沌可应用于安全通信、随机数产生、光子神经网络等领域，接下来将讨论 SRL 在共轭交叉光反馈下产生的混沌信号的时延特征（TDS）和带宽（BW）。在下面的讨论中，$\Phi_2 - \Phi_1$ 固定为 0，T 固定为 5 ns。

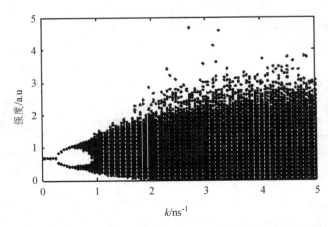

图 4-4　当 $\Phi_2 - \Phi_1 = 0$，$T = 5\ \text{ns}$ 时半导体环形激光器（SRL）输出的分岔图

在激光混沌的应用中，与延迟时间相关的时延特征（TDS）会降低其性能，例如降低混沌测距精度和随机数的复杂度。TDS 是由于强度时间序列经过延迟后的自我重复，通常采用自相关函数（ACF）来进行识别和量化。图4-5 给出了相位共轭光交叉反馈下 SRL 输出的时间序列、功率谱和自相关图。其中功率谱是对强度时间序列作傅里叶变换得到，而自相关的值是由公式（4-7）计算得出。当 $k = 2\ \text{ns}^{-1}$ 时，图 4-5（a）显示在外部光反馈的扰动下SRL 已经进入了混沌态，功率谱[图 4-5（b）]明显展宽且峰值位于弛豫振荡频率 f_0 附近，这是典型的由于无阻尼弛豫振荡而引起的半导体激光器混沌现象。图 4-5（c）给出了自相关函数（ACF）值的分布，可以看出在延迟时间$T = 5\ \text{ns}$ 和 T 的倍数附近有明显的峰值，且自相关的值具有明显的振荡，振荡周期与弛豫周期 τ_{RO} 近似相等。在 $t = 5.7\ \text{ns}$ 处自相关取最大值 TDS = 0.38，说明此时时延特征明显，不利于混沌信号的应用。在反馈延时处出现较强TDS 是由于混沌信号经过反馈时间 T 后再注入到 SRL 的腔内，这相当于腔内信号的自我复制，因此在 T 的倍数处出现了可识别的 TDS。当 $k = 3\ \text{ns}^{-1}$时，图 4-5（d）和（e）显示强度时间序列的振荡幅度变大，功率谱中高频成分变多。在此反馈强度处出现了 TDS 被抑制可能是外部扰动信号扰动了SRL 的内部场，使非线性相互作用增强。自相关函数[图 4-5（f）]中在时间延迟 T 的附近无明显峰值，此时 TDS 为 0.07，时延特征被较好的隐藏。当$k = 8\ \text{ns}^{-1}$ 时，如图 4-5（g）、（h）、（i）所示，时间序列中的振荡幅值进一步增大，功率谱中的与弛豫振荡相关的峰值明显降低，但自相关函数在 T处峰值 TDS = 0.40，此时时延特征变得较为明显。值的注意的是，虽然自相关函数在 T 附近有较大的值，但是未出现与图 4-5（c）相似的振荡，说明增加反馈强度弱化了弛豫振荡，功率谱[图 4-5（h）]也说明了这一点。当$k = 15\ \text{ns}^{-1}$ 时，强度时间序列的振荡变得更加密集，功率谱中的高频率成分进一步增多且弛豫振荡峰值变得不可识别，自相关函数在 T 处的峰值为

TDS = − 0.5，为反向相关，此时时延特征非常明显。因此，通过适当调节反馈强度，SRL 在共轭光反馈下产生的混沌信号时延特征能被有效隐藏，这将有利于混沌信号的应用。

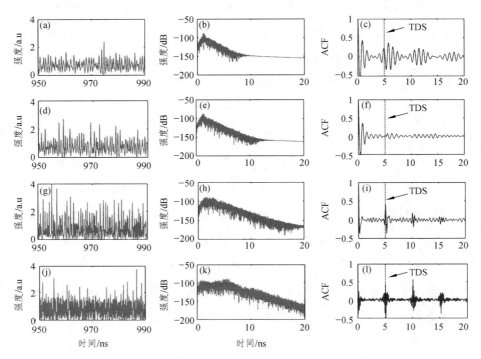

图 4-5　相位共轭光反馈下半导体环形激光器（SRL）输出的时间序列（第一列）、功率谱（第二列）和自相关图（第三列）[（a）（b）（c）$k = 2 \text{ ns}^{-1}$；（d）（e）（f）$k = 3 \text{ ns}^{-1}$；（g）（h）（i）$k = 8 \text{ ns}^{-1}$；（j）（k）（l）$k = 15 \text{ ns}^{-1}$]

图 4-6 展示了 SRL 输出的混沌信号的时延特征（TDS）和带宽（BW）随反馈强度的变化。除 TDS 外，混沌带宽也是衡量混沌信号质量的一个重要指标，本章采用标准带宽来进行量化，其标准带宽定义为功率谱中的频率成分的能量累加到总能量 80%所对应的频率。如图 4-6（a）所示，当反馈强度由 1.5 ns^{-1} 增加到 3 ns^{-1} 时，TDS 由 0.6 逐渐减小到 0.07。进一步增加反馈强

度 3 ns^{-1} 到 15 ns^{-1}，TDS 逐渐增加并伴随着小的波动。图 4-6（b）给出了相应的带宽的变化，带宽随着反馈强度的增加几乎线性增加。这是由于半导体激光器产生混沌信号的带宽是与激光器的弛豫振荡频率相关的，随着反馈强度的增加，系统的弛豫振荡频率将增加，这也导致了带宽的增加。但是需要指出的是要获的低 TDS 的混沌信号反馈强度不能太大，一些文献所采用的方法是将此低 TDS 的混沌信号注入到另一个半导体激光器中，这样能显著增加带宽到十几甚至几十兆赫兹[24]。

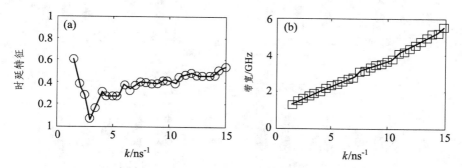

图 4-6　混沌信号的时延特征（TDS）和带宽（BW）随反馈强度的变化

上面的仿真结果是在 $\Phi_2 - \Phi_1 = 0$ 的情况下得到的，最后研究反馈相位差对非线性动力学的影响。图 4-7 给出了不同相位差下 SRL 输出的时间序列，其中反馈强度 k 固定为 0.9 ns^{-1}。如图所示，当相位差取不同值时，SRL 输出的动力学并不相同。当相位差等于 0 时，输出的是多周期态。当相位差为 0.6π 时，SRL 输出的是规则低频振荡态。而当相位差为 0.3π，0.9π，1.2π 和 1.5π 时，SRL 输出的是不规则的低频振荡态。这是由于外部反馈回 SRL 腔内的信号不仅包含电场强度部分，也包含相位部分，相位的变化会经过线宽增强因子作用到强度上，进而改变了最后的强度时间序列。

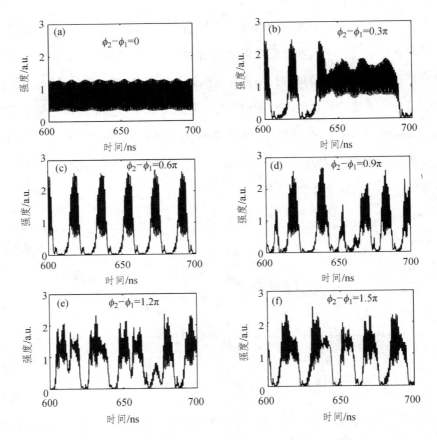

图 4-7 不同相位差下半导体环形激光器（SRL）输出的时间序列

4.4 结 论

本章数值研究了半导体环形激光器（SRL）在外部相位共轭交叉光反馈下的非线性动力学。当反馈相位和反馈强度取值为 $\Phi_2 - \Phi_1 = 0.5\pi$ 和 $k = 0.8$ ns^{-1} 时，SRL 的 CW 模和 CCW 模呈现出了低频反相振荡，这是由于在混沌的演化过程中稳定的固定点吸引子被破坏造成的。由于系统的弛豫过程，在低频振荡的同时还将经历一段频率接近弛豫周期的快速振荡。当 $\Phi_2 - \Phi_1 = 0$ 和 $T = 5$ ns 时，通过增加反馈强度，SRL 可输出单周期、多周期和混沌动力学。

通过绘制分岔图可发现是由准周期态到混沌态的分岔路线。进一步利用自相关函数识别了混沌信号的时延特征（TDS）并且利用功率谱技术计算了混沌的带宽。发现 TDS 在反馈强度增加的过程中存在极小值 TDS = 0.07，说明 TDS 能被有效抑制。而混沌带宽却随着反馈强度的增加逐渐增大，这是由于 SRL 的弛豫振荡频率逐渐增大造成的。此外，研究还表明，不同的相位差会影响 SRL 输出的动力学。本章的研究结果可为 SRL 在相关领域的应用提供理论支持。

参考文献

［1］　许葛亮，笪诚，倪乾龙，等. 光反馈垂直腔面发射激光器的可重构光电混沌逻辑门[J]. 中国激光，2020，47（12）：1206003.

［2］　孙巍阳，胡宝洁，王航. 双光互注入半导体激光器混沌同步通信研究[J]. 激光与光电子学进展，2019，56（21）：211404.

［3］　张依宁，徐艾诗，冯玉玲，等. 光电反馈半导体激光器输出光的混沌特性[J]. 光学学报，2020，40（12）：1214001.

［4］　SCIAMANNA M, SHORE K A. Physics and applications of laser diode chaos[J]. Nature Photonics, 2015, 9（3）：151-162.

［5］　NGUIMDO R M, COLET P, LARGER L, et al. Digital key for chaos communication performing time delay concealment[J]. Physical Review Letters, 2011, 107（3）：034103.

［6］　RONTANI D, CHOI D, CHANG C Y, et al. Compressive sensing with optical chaos[J]. Scientific Reports, 2016, 6：35206.

［7］　JIANG N, XUE C, LV Y, et al. Physically enhanced secure wavelength division multiplexing chaos communication using multimode semiconductor lasers[J]. Nonlinear Dynamics, 2016, 86（3）：1937-1949.

［8］　TANAKA G, YAMANE T, HÉROUX J B, et al. Recent advances in physical reservoir computing：A review[J]. Neural Networks, 2019, 115：100-123.

[9]　MERCIER É, WEICKER L, WOLFERSBERGER D, et al. High-order external cavity modes and restabilization of a laser diode subject to a phase-conjugate feedback[J]. Optics Letters 2017, 42（2）: 306-309.

[10]　LIONEL W, CHI-HAK U, DELPHINE W, et al. Mapping of external cavity modes for a laser diode subject to phase-conjugate feedback[J]. Chaos, 2017, 27（11）: 114314.

[11]　GREEN K, KRAUSKOPF B. Bifurcation analysis of a semiconductor laser subject to non-instantaneous phase-conjugate feedback[J]. Optics Communications, 2004, 231（6）: 383-393.

[12]　SATTAR Z A, SHORE K A. Phase conjugate feedback effects in nano-lasers[J]. IEEE Journal of Quantum Electronics, 2016, 52（4）: 1100108.

[13]　JIANG N, ZHAO A K, LIU S Q, et al. Injection-locking chaos synchronization and communication in closed-loop semiconductor lasers subject to phase-conjugate feedback[J]. Optics Express, 2020, 28（7）: 9477-9486.

[14]　MERCIER É, WOLFERSBERGER D, SCIAMANNA M. Bifurcation to chaotic low-frequency fluctuations in a laser diode with phase-conjugate feedback[J]. Optics Letters, 2014, 39（13）: 4021-4024.

[15]　GUILLAUME B, CHI-HAK U, BRICE M, et al. Wideband chaos from a laser diode with phase-conjugate feedback[J]. Optics Letters, 2019, 44（4）: 975-978.

[16]　O' BRIEN D, HUYET G, MCINERNEY J G. Low-frequency fluctuations in a semiconductor laser with phase conjugate feedback[J]. Physical Review A, 2001, 64（2）: 025802.

[17]　VIRTE M, BOSCO A K D, WOLFERSBERGER D, et al. Chaos crisis and bistability of self-pulsing dynamics in a laser diode with phase-conjugate feedback[J]. Physical Review A, 2011, 84（4）: 043836.

[18] GREEN K, KRAUSKOPF B. Global bifurcations and bistability at the locking boundaries of a semiconductor laser with phase-conjugate feedback[J]. Physical Review E, 2002, 66（1）: 016220.

[19] WEICKER L, WOLFERSBERGER D, SCIAMANNA M. Stability analysis of a quantum cascade laser subject to phase-conjugate feedback[J]. Physical Review E, 2018, 98（1）: 012214.

[20] GELENS L, VAN D S G, BERI S, et al. Phase-space approach to directional switching in semiconductor ring lasers[J]. Physical Review E, 2009, 79（1）: 016213.

[21] NGUIMDO R M, VERSCHAFFELT G, DANCKAERT J, et al. Loss of time-delay signature in chaotic semiconductor ring lasers[J]. Optics Letters, 2012, 37（13）: 2541-2543.

[22] MASHAL L, VAN D S G, GELENS L, et al. Square-wave oscillations in semiconductor ring lasers with delayed optical feedback[J]. Optics Express, 2012, 20（20）: 22503- 22516.

[23] LI S S, LI X Z, ZHANG J P, et al. Square-wave oscillations in a semiconductor ring laser subject to counter-directional delayed mutual feedback[J]. Optics Letters, 2016, 41（4）: 812-815.

[24] LI N Q, NGUIMDO R M, LOCQUET A, et al. Enhancing optical-feedback-induced chaotic dynamics in semiconductor ring lasers via optical injection[J]. Nonlinear Dynamics, 2018, 92（2）: 315-324.

[25] JAVALOYES J, BALLE S. All-optical directional switching of bistable semiconductor ring lasers[J]. IEEE Journal of Quantum Electronics, 2011, 47（8）: 1078-1085.

[26] SYED A, TAFAZOLI M, DAVOUDZADEH N, et al. An all-optical proteretic switch using semiconductor ring lasers[J], Optics Communications, 2020, 475: 126252.

[27] VERSCHAELT G, KHODER M, VAN D S G. Optical feedback sensitivity of a semiconductor ring laser with tunable directionality[J]. Photonics, 2019, 6：112.

[28] SOREL M, GIULIANI G, SCIRÈ A, et al. Operating regimes of GaAs-AlGaAs semiconductor ring lasers：experiment and model[J], IEEE Journal of Quantum Electronics, 2003, 39（10）：1187-1195.

[29] KELLEHER B, TYKALEWICZ B, GOULDING D, et al. Two-color bursting oscillations[J]. Scientific Reports, 2017, 7：8414.

[30] SCIAMANNA M, SHORE K A. Physics and applications of laser diode chaos[J]. Nature Photonics, 2015, 9：151-162.

[31] YAMAZAKI T, UCHIDA A. Performance of random number generators using noise-based superluminescent diode and chaos-based semiconductor lasers[J]. IEEE Journal of Selected Toptics in Quantum Electronics, 2013, 19（4）：0600309.

5 基于互耦合环形激光器高质量混沌信号

5.1 引 言

半导体激光器（Semiconductor Lasers，SL）是目前应用比较广泛的光学器件之一，其电学和光学特性一直倍受关注[1]。SL 在外部扰动下可产生光混沌信号[2-4]，光学混沌在混沌保密通信[5, 6]、随机数产生[7, 8]、混沌雷达[9]、光学逻辑与混沌计算[10]等领域有着广泛的应用前景。其中，影响混沌应用的重要的两个参数是混沌信号的时延迟信息和带宽，时延信息一般存在于延迟耦合系统中，明显的时延信息将会给混沌保密通信的安全性带来威胁。而窄带宽的混沌信号将限制混沌通信中的信息传输速率、随机数产生的比特率以及混沌信号的空间分辨率。近年来，人们提出了两种抑制时延信息的方法，一种方法是利用逻辑运算消除时延信息，例如异或操作和最小有效位算法[11, 12]。另外一种方法是利用非线性动力学系统的物理作用来抑制时延信息，例如利用双光反馈系统来抑制时延信息[13, 14]，或者采用互耦结构的 SL 系统来抑制时延信息[15]。此外，为了提高混沌系统的带宽，人们也做了多种尝试，例如，采用双光反馈的结构[16]，采用三个级联耦合 SL 的结构[17]，采用混沌光注入 SL 的方式[18, 19]等。

半导体环形激光器（Semiconductor Ring Lasers，SRL）是一种特殊结构的 SL，它具有环形谐振腔的几何结构，因此可以同时输出两个反向传播的模式，即顺时针（Clockwise，CW）模式和逆时针（Counter Clockwise，CCW）模式[20, 21]，此种特殊结构可在光学逻辑门、光开关、光子微波信号及信息的保密通信等领域有广泛的应用前景。近年来，关于 SRL 的研究已有大量报道。例如，JAVALOYES 等人利用 SRL 的双稳特性实现了全光的定向光开关[22]。MASHAL 等人研究了 SRL 在光反馈下的动力学特性，发现在适当的反馈参数下，SRL 可展示出低频反相波动的现象[23]。NGUIMDO 等人发现 SRL 在交叉光反馈的结构下，通过调节线宽增强因子的大小可以有效抑制时延信息[24]。李等人发现 SRL 在交叉光反馈的情况下可出现方波振荡，并且两个模式的振荡相位是相反的[25, 26]。同时，SRL 在外部反馈下也可以产生混沌态，但是由于弛豫振荡频率的限制，混沌带宽只有数 GHz，并且在反馈时间延迟处有较强的时延信息，这将限制基于 SRL 的保密通信的传输速率和安全性。为了解决此问题，本章提出了一种新的方案，本方案由两个 SRL 组成，通过两个 SRL 相互耦合产生四路混沌信号，并且在两个互耦激光器的相互作用下消除时延特征并在一定程度上增加混沌带宽。本文将讨论两个激光器耦合之后的非线性动力学特性，计算耦合系数对产生的混沌信号的时延信息和带宽的影响。研究结果可为基于 SRL 的混沌保密通信提供一定的理论支持。

5.2　数值模型及描述

图 5-1 给出了两个 SRL 的互相耦合的结构图，其中 CW 和 CCW 分别代表了两个传播方向，$E_{1\text{CW}}(E_{1\text{CCW}})$ 和 $E_{2\text{CW}}(E_{2\text{CCW}})$ 和分别代表了两个激光器两个方向输出的复电场。SRL1 的 CW（CCW）方向的电场分别注入到 SRL2 的 CW（CCW 方向），同时 SRL2 的两个方向的电场也注入到 SRL1。考虑复电场 $E_{1\text{CW}}(E_{1\text{CCW}})$ 和 $E_{2\text{CW}}(E_{2\text{CCW}})$，以及载流子数 $N_n(n = 1, 2)$，两个 SRL 相互耦合下的速率方程表示为[24]：

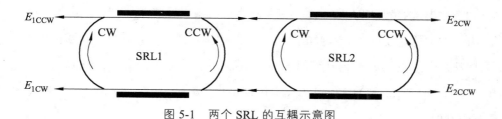

图 5-1　两个 SRL 的互耦示意图

$$\frac{\mathrm{d}E_{1,\text{CW}}}{\mathrm{d}t} = \kappa(1+\mathrm{i}\alpha)[g_{1,\text{CW}}N_1 - 1]E_{1,\text{CW}} - (k_\mathrm{d} + \mathrm{i}k_\mathrm{c})E_{1,\text{CCW}} + \\ \eta_{\text{CW}}E_{2,\text{CW}}(t - \tau)\mathrm{e}^{-\mathrm{i}(\omega_2\tau + 2\pi\Delta\nu t)} \tag{5-1}$$

$$\frac{\mathrm{d}E_{1,\text{CCW}}}{\mathrm{d}t} = \kappa(1+\mathrm{i}\alpha)[g_{1,\text{CCW}}N_1 - 1]E_{1,\text{CCW}} - (k_\mathrm{d} + \mathrm{i}k_\mathrm{c})E_{1,\text{CW}} + \\ \eta_{\text{CCW}}E_{2,\text{CCW}}(t - \tau)\mathrm{e}^{-\mathrm{i}(\omega_2 t + 2\pi\Delta\nu t)} \tag{5-2}$$

$$\frac{dE_{2,CW}}{dt} = \kappa(1+i\alpha)[g_{2,CW}N_2 - 1]E_{2,CW} - (k_d + ik_c)E_{2,CCW} + \qquad (5\text{-}3)$$
$$\eta_{CW}E_{1,CW}(t-\tau)e^{-i(\omega_1\tau - 2\pi\Delta\nu t)}$$

$$\frac{dE_{2,CCW}}{dt} = \kappa(1+i\alpha)[g_{2,CCW}N_2 - 1]E_{2,CCW} - (k_d + ik_c)E_{2,CW} + \qquad (5\text{-}4)$$
$$\eta_{CCW}E_{1,CCW}(t-\tau)e^{-i(\omega_1\tau - 2\pi\Delta\nu t)}$$

$$\frac{dN_n}{dt} = \gamma[\mu_n - N_n - g_{n,CW}N_n|E_{n,CW}|^2 - g_{n,CCW}N_n|E_{n,CCW}|^2], \ (n=1,2) \qquad (5\text{-}5)$$

$$g_{n,CW} = (1 - s|E_{n,CW}|^2 - m|E_{n,CCW}|^2), \ (n=1,2) \qquad (5\text{-}6)$$

$$g_{n,CCW} = (1 - s|E_{n,CCW}|^2 - m|E_{n,CW}|^2), \ (n=1,2) \qquad (5\text{-}7)$$

其中下标 CW 和 CCW 分别表示两个方向，t 表示时间，α 代表线宽增强因子，κ 代表电场衰减率，γ 代表载流子衰减率，k_d 和 k_c 为耗散和保守系数，下标 d 和 c 分别代表耗散（dissipative，d）和保守（conservation，c），η_{CW} 与 η_{CCW} 为两个方向的注入系数，τ 为注入延迟时间，本章中固定为 5 ns。ω_1 和 ω_2 为两个 SRL 的角频率。$\Delta\nu = (\omega_1 - \omega_2)/2\pi$ 为注入频率失谐。g_{CW} 与 g_{CCW} 为两个方向的增益系数，s 为自饱和系数，m 为互饱和系数。$\mu_n(n=1,2)$ 为两个 SRL 的注入电流，当 $\mu_n = 1$ 时达到阈值。仿真所使用的参数取值为[24]：$\gamma = 0.2 \text{ ns}^{-1}$，$\kappa = 100 \text{ ns}^{-1}$，$k_d = 0.033 \text{ ns}^{-1}$，$k_c = 0.44 \text{ ns}^{-1}$，$\mu_n = 2.4$，$\alpha = 3.5$，$s = 0.005$，$m = 0.01$。

为了量化混沌信号的带宽和时延特征，本文采用标准带宽和自相关函数进行计算。标准带宽的定义为功率谱中直流分量到功率的 80% 所包含的频率的跨度[23]。自相关函数的数学定义式为

$$c(\Delta t) = \frac{\langle[x(t) - \langle x(t)\rangle][x_s(t) - \langle x_s(t)\rangle]\rangle}{\sqrt{\langle[x(t) - \langle x(t)\rangle]^2\rangle\langle[x_s(t) - \langle x_s(t)\rangle]^2\rangle}} \qquad (5\text{-}8)$$

其中，$x(t)$ 为混沌序列，Δt 为时间延迟，$\langle \cdot \rangle$ 表示时间平均。$x_s(t) = x(t + \Delta t)$ 为时间移动 Δt 后时间序列的值，下标 s 代表时间移动（shift，s）。自相关系数的取值范围为 $[-1, 1]$，取绝对值后，0 ~ 0.09 为没有相关性，0.10 ~ 0.30 为弱相关，0.30 ~ 0.50 为中等相关，0.50 ~ 1.00 为强相关。

5.3　结果及讨论

5.3.1　SRL 互耦下的非线性动力学

研究了 SRL1 与 SRL2 互耦情况下的非线性动力学特性。对于相互耦合的两个 SRL，注入系数有两种情况，即对称情况 $\eta_{cw} = \eta_{ccw}$ 和不对称情况 $\eta_{cw} \neq \eta_{ccw}$。通过仿真发现，在不对称情况下进行耦合时，由于模式竞争，会使 SRL1 中的一个模式被抑制，从而只有一个方向产生混沌信号。因此，为了得到多路混沌信号，本章将采用对称耦合的形式，即 $\eta_{cw} = \eta_{ccw}$。由于对称耦合时，SRL 的所有输出都是相同的，这里只给出了 SRL1 的 CW 方向的输出。图 5-2 给出了 $\Delta \nu = -7.0\,\text{GHz}$ 时不同注入系数下的时间序列和功率谱。当 $\eta_{cw} = \eta_{ccw} = 1\,\text{ns}^{-1}$ 时，如图 5-2（a）、（b）所示，时间序列[图 5-2（a）]出现了规则的周期振荡，对应的功率谱[图 5-2（b）]在 $f = 7.0\,\text{GHz}$ 出有一个较大的峰值，后面的较小的峰值为高次谐波，f 为周期振荡频率，此频率与两个激光器的频率失谐相等，此时激光器工作在单周期振荡状态。当 $\eta_{cw} = \eta_{ccw} = 4\,\text{ns}^{-1}$ 时，如图 5-2（c）、（d）所示，此时时间序列[图 5-2（c）]出现了多个不等的峰值，功率谱[图 5-2（d）]$f = 7.0\,\text{GHz}$ 的前面出现了多个分数倍的谐波，此时激光器工作在多周期振荡状态。当 $\eta_{cw} = \eta_{ccw} = 10\,\text{ns}^{-1}$ 时，如图 5-2（e）、（f）所示，此时时间序列[图 5-2（e）]出现了无规则的振荡，功率谱[图 5-2（f）]明显展宽并无明显峰值，此时激光器处于混沌振荡状态，通过计算，此时的混沌的带宽为 2.4 GHz。从上面的分析可以看出，SRL 在互耦的情况下可以展现出不同的动力学态，由于在保密通信中主要使用混沌态，下面将针对产生的混沌态的特性展开讨论。

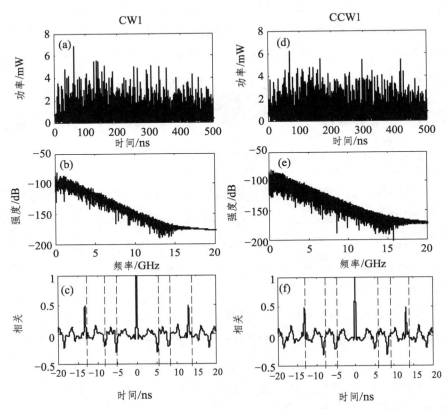

图 5-2　不同注入强度下 SRL1 的 CW 方向的时间序列与功率谱
（a, c, e 为时间序列，b, d, f 为功率谱）

5.3.2　SRL 产生的混沌的时延特性

研究了频率失谐值对时延特征的影响。图 5-3 给出了当 $\eta_{CW} = \eta_{CCW} =$
15 ns^{-1} 时，不同频率失谐情况下产生的混沌信号的自相关系数 C 分布图。当
$\Delta\nu = -10.0$ GHz 时[图 5-3（a）]，自相关系数 C 在 ±10 ns 附近出现了极大
值，此处峰值的出现是由于时间延迟引起的，时间延迟的大小为 SRL1 发出
的激光往返回到发射端所需要的时间（2τ）。此时 $C = 0.23$，为弱相关，时延
特征不明显。当 $\Delta\nu = -5.0$ GHz 时[图 5-3（b）]，在时间延迟处的相关系数

值增大到 $C = 0.41$，为中等相关，时延特征较为明显。当 $\Delta\nu = 5.0$ GHz 时[图 5-3（c）]，时间延迟处的相关系数值增大到 $C = 0.53$，为强相关，时延特征非常明显，不利于混沌保密通信。当 $\Delta\nu = 10$ GHz 时[图 5-3（d）]，时间延迟处的相关系数值降到了 $C = 0.20$，此时为弱相关，时延特征不明显。总体上看，在频率失谐值较大时，时延特征不明显，而对于较小的频率失谐，时延特征变得较为明显。出现此类现象的物理原因是由于 SRL 存在一个本征频率（弛豫振荡频率）$f_{RO} = \sqrt{2(\mu-1)\gamma\kappa} / 2\pi = 1.2$ GHz，当频率失谐较小时，注入光容易与 f_{RO} 引起共振，从而增强了时延特征。但当频率失谐较大时，共振较弱，从而抑制了时延特征。

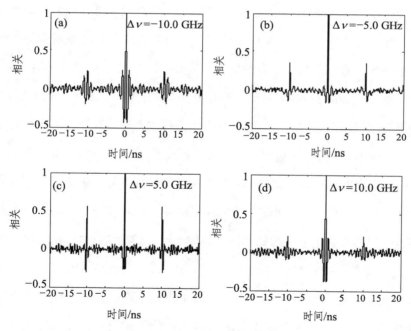

图 5-3　当 $\eta_{CW} = \eta_{CCW} = 15$ ns^{-1} 时，不同频率失谐情况下的混沌信号的
自相关系数分布图

研究了 SRL 输出的混沌信号的时延特征在不同注入强度随下随频率失谐的变化关系。图 5-4 给出了当注入系数分别取 15 ns^{-1}, 20 ns^{-1}, 30 ns^{-1} 时，时间延迟（2τ）处自相关系数的峰值随频率失谐的变化。当 $\eta_{CW} = \eta_{CCW} =$ 15 ns^{-1} 时，如图中空心圆所示，在 0 频率失谐处，自相关系数出现了极大值 $C = 0.64$，为强相关。随着频率失谐绝对值的增大，自相关值逐渐减小。在负频率失谐区域，当频率失谐位于 $-15.0 \sim -8.0$ GHz 时，自相关值小于 0.30，为弱相关，此时混沌信号不易被破解。当频率失谐位于 $-8.0 \sim 0$ GHz 时，自相关值大于 0.30，为中等相关或强相关，此时的时延特征明显，不利于混沌保密通信。对于正失谐区域，当频率失谐位于 $0 \sim 9.0$ GHz 时，为强相关与中等相关，在 $9.0 \sim 15.0$ GHz 为弱相关，并且正失谐部分的相关系数的最小值小于负失谐。当 $\eta_{CW} = \eta_{CCW} = 20$ ns^{-1} 时，如图 5-4 中矩形所示，此时在 0 频率失谐处，互相关系数的极大值为 $C = 0.52$，比注入系数等于 15 ns^{-1} 要低，并且当频率失谐的绝对值大于 12.0 GHz 时，相关系数的值都小于 0.20。图中 0 频率失谐两边的相关系数的分布不对称，右边一直缓慢下降，而左边在 $0 \sim 6.0$ GHz 下降后又缓慢上升，最后再在 -10.0 GHz 以后缓慢下降。当 $\eta_{CW} = \eta_{CCW} = 30$ ns^{-1} 时，如图中三角形所示，此时 0 频率失谐处的相关系数降到了 0.40，当频率失谐小于 -5.0 GHz 和大于 12.0 GHz 时，相关系数都小于 0.20，时延特征的到了很好抑制。总体上说，随着注入系数的增加，时延特征逐渐减弱，并且对于相同的注入系数，频率失谐绝对值越大，时延特征越不明显。出现此类现象的原因是由于注入系数较大时，注入到腔内的光子数增多，本征频率共振的影响将减弱。除了时延特征，混沌带宽也是混沌通信的一个重要指标，接下来将研究混沌带宽随频率失谐和注入系数的变化规律。

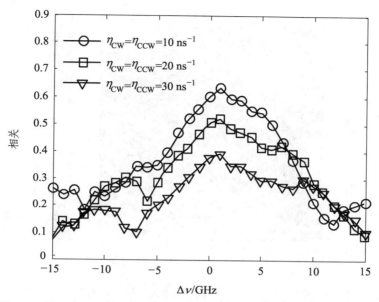

图 5-4　不同注入系数下时间延迟处的自相关系数随频率失谐的分布图

5.3.3　SRL 产生的混沌的带宽随参数的分布

为了研究 SRL 产生的混沌带宽随频率失谐和注入系数的分布，本章大范围扫描了耦合参数，图 5-5 给出带宽在参数空间的二维映射图。如图所示，频率失谐在 − 7.0 ~ 7.0 GHz 时，随着注入系数的增加，带宽并没有明显增加，并且均在 5.0 GHz 以下。频率失谐在 − 15.0 ~ − 7.0 GHz，当注入系数大于 16 ns⁻¹时，带宽出现了加强，但呈离散状分布，最大可以达到 9.0 GHz。当频率失谐位于 7.0 ~ 15.0 GHZ 时，随着注入系数的增加，出现了大面积的带宽加强区域，并且当注入系数位于 28 ns⁻¹ 附近时，带宽增加到了 14.0 GHz。此时由于频率失谐较大，时延特征也得到了较好的抑制。将此混沌信号应用于混沌保密通信，既能满足高速通信的要求，又能有效防止第三方窃听。

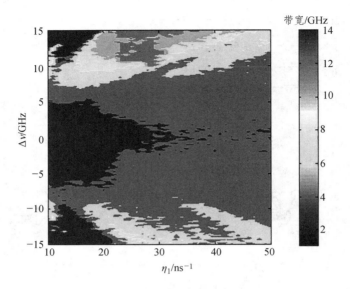

图 5-5　SRL 产生的混沌带宽随频率失谐和注入系数的分布图

5.4　结　论

　　本章理论研究了两个半导体环形激光器（SRL）在互耦情况下产生的混沌信号的特性。研究发现，当频率失谐为 $\Delta \nu = -7.0$ GHz，注入系数分别为 1 ns^{-1}，4 ns^{-1}，10 ns^{-1} 时，SRL 输出的时间序列表现为单周期、多周期及混沌态。对于产生的混沌信号，利用自相关函数，计算了时间延迟处的自相关系数关于频率失谐的分布，当注入系数分别为 15 ns^{-1}，20 ns^{-1}，30 ns^{-1} 时，对于较大的频率失谐能有效抑制时延特征。通过大范围扫描注入参数，得到了带宽高达 14.0 GHz 的低时延混沌信号，能够满足混沌保密通信的需求。本章的研究结果可为 SRL 的实际应用提供一定的理论参考。

参考文献

[1]　吴政南，谢江容，杨雁南. 高功率半导体激光器光束整形的设计和实现[J]. 激光技术, 2017, 41（3）：416-420.

[2]　YAN S L. Period-control and chaos-anti-control of a semiconductor laser using the twisted fiber [J]. Chinese Physics B, 2016, 25（9）: 1-7.

[3]　CHEN J J, DUAN Y N, LI L F, et al. Wideband polarization-resolved chaos with time-delay signature suppression in VCSELs subject to dual chaotic optical injections [J]. IEEE Access, 2018, 6（1）: 66807-66815.

[4]　LIN F Y, LIU J M. Nonlinear dynamics of a semiconductor laser with delayed Negative optoelectronic feedback [J]. IEEE Journal of Quantum Electronics, 2003, 39（4）: 562-568.

[5]　HONG Y, LEE M W, PAUL J, et al. GHz bandwidth message transmission using chaotic vertical-cavity surface-emitting lasers [J]. Journal of Lightwave Technology, 2009, 27（22）: 5099-5105.

[6]　ARGYRIS A, SYVRIDIS D, LARGER L, et al. Chaos-based communications at high bit rates using commercial fibre-optic links [J]. Nature, 2005, 438（7066）: 343-346.

[7]　UCHIDA A, AMANO K, INOUE M, et al. Fast physical random bit generation with chaotic semiconductor lasers [J]. Nature Photonics, 2008, 2（12）: 728-732.

[8]　VIRTE M, MERCIER E, THIENPONT H, et al. Physical random bit generation from chaotic solitary laser diode [J]. Optics Express, 2014, 22（14）: 17271-17280.

[9]　LIN F Y, LIU J M. Chaotic radar using nonlinear laser dynamics [J]. IEEE Journal of Quantum Electronics, 2004, 40（6）: 815-820.

[10]　CHLOUVERAKIS K E, ADAMS M J. Optoelectronic realisation of NOR logic gate using chaotic two-section lasers [J]. Electronics Letters, 2005, 41（6）: 359-360.

[11]　REIDLER I, AVIAD Y, ROSENBLUH M, et al. Ultrahigh-speed random number generation based on a chaotic semiconductor laser [J]. Physical Review Letters, 2009, 103（2）: 1-4.

[12] KANTER I, AVIAD Y, REIDLER I, et al. An optical ultrafast random bit generator [J]. Nature Photonics, 2010, 4（1）: 58-61.

[13] WU J G, XIA G Q, WU Z M. Suppression of time delay signatures of chaotic output in a semiconductor laser with double optical feedback [J]. Optics Express, 2009, 17（22）: 20124-20133.

[14] LEE M W, REES P, SHORE K A, et al. Dynamical characterisation of laser diode subject to double optical feedback for chaotic optical communications [J]. IEE Proceedings: Optoelectronics, 2005, 152（2）: 97-102.

[15] WU J G, WU Z M, XIA G Q, et al. Evolution of time delay signature of chaos generated in a mutually delay-coupled semiconductor lasers system [J]. Optics Express, 2012, 20（2）: 1741-1753.

[16] SCHIRES K, GOMEZ S, GALLET A, et al. Passive chaos bandwidth enhancement under dual optical feedback with hybrid III-V/Si DFB Laser [J]. IEEE Journal of Selected Topics in Quantum Electronics, 2017, 23（6）: 1-9.

[17] LI N Q, PAN W, XIANG S Y, et al. Loss of time delay signature in broadband cascade-coupled semiconductor lasers [J]. IEEE Photonics Technology Letters, 2012, 24（23）: 2187-2190.

[18] HONG Y, SPENCER P S, SHORE K A. Enhancement of chaotic signal bandwidth in vertical-cavity surface-emitting lasers with optical injection [J]. Journal of the Optical Society of America B: Optical Physics, 2012, 29（3）: 415-419.

[19] HONG Y, CHEN X, SPENCER P S, et al. Enhanced flat broadband optical chaos using low-cost VCSEL and fiber ring resonator [J]. IEEE Journal of Quantum Electronics, 2015, 51（3）: 1200106.

[20] PÉREZ T, SCIR A, VAN DER SANDE G, et al. Bistability and all-optical switching in semiconductor ring lasers [J]. Optics Express, 2007, 15（20）: 12941-12948.

[21]　GAETAN F, VAN D S G, MULHAM K, et al. Stability of steady and periodic states through the bifurcation bridge mechanism in semiconductor ring lasers subject to optical feedback [J]. Optics Express, 2017, 25（1）: 339-350.

[22]　JAVALOYES J, BALLE S. All-optical directional switching of bistable semiconductor ring lasers [J]. IEEE Journal of Quantum Electronics, 2011, 47（8）: 1078-1085.

[23]　MASHA L, NGUIMDO R M, VAN D S G, et al. Low-frequency fluctuations in semiconductor ring lasers with optical feedback [J]. IEEE Journal of Quantum Electronics, 2013, 49（9）: 790-797.

[24]　NGUIMDO R M, VERSCHAFFELT G, DANCKAERT J, et al. Loss of time-delay signature in chaotic semiconductor ring lasers [J]. Optics Express, 2012, 37（13）: 2541-2543.

[25]　LI S S, LI X Z, ZHUANG J P, et al. Square-wave oscillations in a semiconductor ring laser subject to counter-directional delayed mutual feedback [J]. Optics Letters, 2016, 41（4）: 812-815.

[26]　LIN F Y, LIU J M. Nonlinear dynamical characteristics of an optically injected semiconductor laser subject to optoelectronic feedback [J]. Optics Communications, 2003, 221（1）: 173-180.

6 基于半导体激光器的宽带宽混沌信号的获取

6.1　引　言

半导体激光器（Semiconductor Lasers，SLs）在外部光反馈、光注入及光电反馈的作用下可产生混沌信号[1-3]，其中，光混沌可应用于混沌通信[4, 5]、随机数产生[6, 7]、混沌雷达[8]、光学逻辑和混沌计算[9]等领域。光混沌的一个重要参数是带宽，窄带宽的混沌信号将限制通信中的信息传输速率、随机数产生的比特率以及时域混沌的空间分辨率。为了提高混沌带宽，人们采用了多种方法，例如，巴黎萨克莱大学 Schires 等人利用分布式反馈激光器（Distributed Feedback Laser，DFB）在双光反馈的条件，获得了带宽为 16.4 GHz 的混沌信号[10]. 西南交通大学潘炜团队采用三个 DFB 级联方式，得到带宽大于 20 GHz 的混沌信号[11]。班加尔大学的洪艳华团队研究了垂直腔表面发射激光器（Vertical Cavity Surface Emission Laser，VCESL）在光反馈和光注入两种扰动共同作用下产生的混沌特性，仅在光反馈的情况下，VCSEL 产生的混沌的最大标准带宽只有 2.8 GHz，当引入注入系统后，输出的混沌带宽明显加强并达到了 5.5 GHz[12]。同年该团队利用一个带光反馈的 VCSEL 并结合一个带光放大器的环形谐振腔实验上产生了最大标准带宽为 11 GHz 混沌信号[13]。此外，通过混沌光注入激光器也是一种有效的增加带宽的方式，新疆医科大学的陈建军团队利用双混沌光注入 VCSEL，获得了有效带宽为 8 GHz 的混沌信号[14]。

半导体环形激光器（Semiconductor Ring Lasers，SRLs）是一种特殊结构的 SLs，与其他类型的激光器相比它具有环形结构的谐振腔，因此可以存在两种相反方向的传播模式，即顺时针（Clockwise，CW）模式和逆时针（Counter Clockwise，CCW）模式[15, 16]，此种特殊结构为双信道通信提供了可能。SRLs 在外部光反馈和光注入的扰动下可产生方波、双稳态、态开关以及混沌等非线性动力学行为[17-20]，在光学逻辑门、光开关、光子微波信号及信息的保密通信等领域具有广泛的应用前景。但是目前由单个 SRL 产生的混沌带宽只有数 GHz，限制了混沌通信的传输速率。为了提高 SRL 产生的混沌带宽，本章提出了一种新的结构方案，本方案由两个 SRLs 组成，主激光器在交叉光反馈的作用下产生 CW 和 CCW 两个方向的混沌信号，然后将主激光器的混沌信号交叉注入到从 SRL，最后达到提高混沌带宽的目的。此外还将利用互相关系数来衡量产生的混沌信号的时延特征，为基于 SRLs 的混沌保密通信提供一定的理论支持。

6.2　数值模型及描述

图 6-1 给出了两个 SRLs 的耦合结构图，其中 CW 和 CCW 分别代表了两个传播方向，$E_{1\mathrm{CW}}(E_{1\mathrm{CCW}})$ 和 $E_{2\mathrm{CW}}(E_{2\mathrm{CCW}})$ 和分别代表了主从激光器的两个方向输出的复电场。SRL1 拥有交叉反馈结构，其中 CW（CCW）方向的电场反馈回 CCW（CW）方向。SRL1 的两个方向的输出 $E_{1\mathrm{CW}}$ 和 $E_{1\mathrm{CCW}}$ 交叉注入到 SRL2 的 CCW 和 CW 方向。考虑主从激光器的顺时针传播的模式 $E_{1,2\mathrm{CW}}$ 和逆时针传播的模式 $E_{1,2\mathrm{CCW}}$，载流子数 $N_{1,2}$，半导体环形激光器交叉耦合的速率方程表示为[17]：

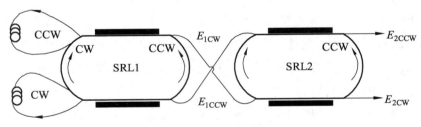

图 6-1　两个 SRLs 耦合示意图

$$\frac{\mathrm{d}E_{1\mathrm{CW}}}{\mathrm{d}t} = \kappa(1+\mathrm{i}\alpha)[g_{1\mathrm{CW}}N_1 - 1]E_{1\mathrm{CW}} - (k_\mathrm{d} + \mathrm{i}k_\mathrm{c})E_{1\mathrm{CCW}} + \\ \eta_{1\mathrm{CCW}}E_{1\mathrm{CCW}}(t - T_{1\mathrm{CCW}})\mathrm{e}^{-\mathrm{i}\omega T_{1\mathrm{CCW}}} \qquad (6\text{-}1)$$

$$\frac{\mathrm{d}E_{1\mathrm{CCW}}}{\mathrm{d}t} = \kappa(1+\mathrm{i}\alpha)[g_{1\mathrm{CCW}}N_1 - 1]E_{1\mathrm{CCW}} - (k_\mathrm{d} + \mathrm{i}k_\mathrm{c})E_{1\mathrm{CW}} + \\ \eta_{1\mathrm{CW}}E_{1\mathrm{CW}}(t - T_{1\mathrm{CW}})\mathrm{e}^{-\mathrm{i}\omega T_{1\mathrm{CW}}} \qquad (6\text{-}2)$$

$$\frac{\mathrm{d}E_{2\mathrm{CW}}}{\mathrm{d}t} = \kappa(1+\mathrm{i}\alpha)[g_{2\mathrm{CW}}N_2 - 1]E_{2\mathrm{CW}} -$$
$$(k_\mathrm{d} + \mathrm{i}k_\mathrm{c})E_{2\mathrm{CCW}} + k_\mathrm{inj}E_{1\mathrm{CCW}}\mathrm{e}^{\mathrm{i}2\pi\Delta ft} \tag{6-3}$$

$$\frac{\mathrm{d}E_{2\mathrm{CCW}}}{\mathrm{d}t} = \kappa(1+\mathrm{i}\alpha)[g_{2\mathrm{CCW}}N_2 - 1]E_{2\mathrm{CCW}} -$$
$$(k_\mathrm{d} + \mathrm{i}k_\mathrm{c})E_{2\mathrm{CW}} + k_\mathrm{inj}E_{1\mathrm{CW}}\mathrm{e}^{\mathrm{i}2\pi\Delta ft} \tag{6-4}$$

$$\frac{\mathrm{d}N_{1,2}}{\mathrm{d}t} = \gamma[\mu_{1,2} - N_{1,2} - g_{1,2\mathrm{CW}}N_{1,2}\left|E_{1,2\mathrm{CW}}\right|^2 -$$
$$g_{1,2\mathrm{CCW}}N_{1,2}\left|E_{1,2\mathrm{CCW}}\right|^2] \tag{6-5}$$

$$g_{1,2\mathrm{CW}} = (1 - s\left|E_{1,2\mathrm{CW}}\right|^2 - c\left|E_{1,2\mathrm{CCW}}\right|^2) \tag{6-6}$$

$$g_{1,2\mathrm{CCW}} = (1 - s\left|E_{1,2\mathrm{CCW}}\right|^2 - c\left|E_{1,2\mathrm{CW}}\right|^2) \tag{6-7}$$

其中下标 CW 和 CCW 分别表示两个模式，1 和 2 表示 SRL1 和 SRL2，κ 为电场衰减率，γ 为载流子衰减率，k_d 和 k_c 为耗散和保守系数，$\eta_{1,2\mathrm{CW}}$ 与 $\eta_{1,2\mathrm{CCW}}$ 为两个方向的反馈系数，$T_{1\mathrm{CW}}$ 与 $T_{1\mathrm{CCW}}$ 代表两个方向的反馈延迟时间。α 为线宽增强因子，ω 为激光器自由运行角频率。$\eta_{1,2}$ 为两个方向的反馈系数，k_inj 为注入系数，Δf 为注入频率失谐，为两个激光器的自由运行时的频率差值。$g_{1,2\mathrm{CW}}$ 与 $g_{1,2\mathrm{CCW}}$ 为两个方向的增益系数，s 和 m 分别代表自饱和互饱和系数。$\mu_{1,2}$ 为两个激光器的归一化的偏置电流，$\mu_{1,2} = 1$ 为阈值电流。参考文献[17]，本章仿真所使用的参数取值为：$\kappa = 100~\mathrm{ns}^{-1}$，$\alpha = 3.5$，$\gamma = 0.2~\mathrm{ns}^{-1}$，$s = 0.005$，$m = 0.01$，$k_\mathrm{d} = 0.033~\mathrm{ns}^{-1}$，$k_\mathrm{c} = 0.44~\mathrm{ns}^{-1}$，$\mu_{1,2} = 2.4$。

　　半导体激光器在外腔光反馈下产生的混沌信号具有较强的时延特征，而明显的时延特征为窃听者提供了一个可能的线索，从而破解和再现通信信号，这可能会损害安全通信的保密性。因此抑制时延特征是混沌保密通信中的另一个重要指标。通常研究混沌信号时延特征的方法是计算时间序列在各个时刻的自相关值，自相关函数的数学定义式为

$$C(\Delta t) = \frac{\left\langle \left[x(t) - \left\langle x(t) \right\rangle \right] \left[x_s(t) - \left\langle x_s(t) \right\rangle \right] \right\rangle}{\sqrt{\left\langle \left[x(t) - \left\langle x(t) \right\rangle \right]^2 \right\rangle \left\langle \left[x_s(t) - \left\langle x_s(t) \right\rangle \right]^2 \right\rangle}} \qquad （6\text{-}8）$$

其中，$x(t)$ 为任一时间序列，Δt 为时间延迟，$\langle \cdot \rangle$ 表示时间平均。$x_s(t) = x(t + \Delta t)$ 为时间移动 Δt 后时间序列的值，自相关系数绝对值的取值范围为[0, 1]，0 表示完全不相关，1 表示完全相关。本章将用自相关系数来衡量产生的混沌信号的时延特征。

6.3　结果及讨论

6.3.1　SRL1 光反馈动力学

研究了 SRL1 在外腔光反馈下产生的混沌的性质，图 6-2 给出了 SRL1 的两个方向的时间序列、功率谱和互相关曲线，参数取值为 $T_{CW} = 5$ ns，$T_{CCW} = 8$ ns，$\eta_{CW} = 8$ ns^{-1}，$\eta_{CCW} = 8$ ns^{-1}。如图 6-2（a）、（d）所示，两个方向输出的时间序列均显示出无规则振荡，此时都处于混沌态，但是两个时间序列并没有同步，这是由于两个方向上的时间延迟不同引起的。为了研究时间序列的振荡特性，图 6-2（b）、（e）给出了两个方向上的时间序列对应的功率谱，可以看出，两个方向上的功率密度分布呈平坦下降趋势，无明显峰值，这也证明了此时 SRL 处于混沌态。本章利用标准带宽来量化混沌信号的带宽特性，标准带宽被定义为从直流分量（DC）到总功率的 80% 包含在其功率谱中的频率跨度[21]，通过计算可得出 CW1 的标准带宽为 1.74 GHz，CCW1 的标准带宽为 1.69 GHz，此时的带宽较小，这主要是受到激光器弛豫振荡频率 $f = \sqrt{2(\mu - 1)\gamma\kappa}/2\pi = 1.20$ GHz 的限制。图 6-2（c）、（f）给出了此时的互相关曲线，从两个图中可以看出，在 T_{CW}，T_{CCW} 以及 $T_{CW} + T_{CCW}$ 处出现了明显的峰值。其中 T_{CW} 处为 $C = -0.27$，T_{CW} 处为 $C = -0.14$，$T_{CW} + T_{CCW}$ 为 $C = 0.48$，此时为中等相关，说明时延特征明显，如果用于通信的话，窃听者将很容易窃取到通信信号。为了增大混沌带宽和有效抑制时延特征，下面将上述混沌信号注入到 SRL2 中，观察带宽及时延信息的变化。

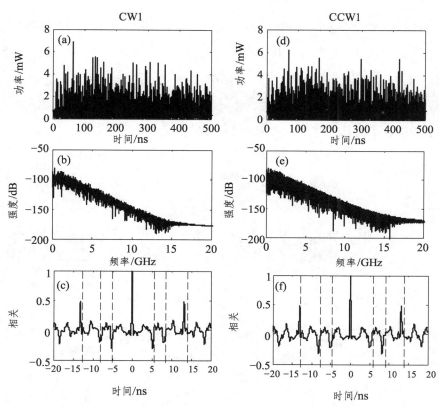

图 6-2　SRL1 在光反馈下的 CW 方向（第一列）和
CCW 方向（第二列）的时间序列、功率谱与互相关曲线

6.3.2　正频率失谐情况下，混沌光注入 SRL2 后的动力学

图 6-3 给出了正频率失谐时，SRL2 在混沌光注入下的两个方向的时间序列、功率谱和互相关曲线。SRL2 的工作电流与 SRL1 相同，注入系数 k_{inj} = 15 ns^{-1}，频率失谐 Δf = 5 GHz。如图 6-3（a）、（d）所示，由于混沌光的注入，SRL2 也工作在混沌状态，时间序列表现出无规则振荡状态。图 6-3（b）、（e）给出了两个方向输出时间序列的功率谱，与图 6-2（b）、（e）相比较，可以看出功率明显出现了展宽，在频率 0～5 GHz，功率密度分布比较平坦，超过 5 GHz 后，功率密度值缓缓下降。通过计算，发现 CW2 的标准带宽为

7.80 GHz，CCW2 的标准带宽为 8.03 GHz，此时带宽明显增大，说明 SRL 经过混沌光注入后可显著提高混沌带宽。图 6-3（c）、（f）给出了混沌时间序列的自相关值的分布，T_{CW} 处为 $C = -0.07$，T_{CCW} 处为 $C = -0.08$，$T_{CW} + T_{CCW}$ 处为 $C = 0.13$，此时为弱相关，混沌时延特性不明显，说明通过混沌光注入后有效抑制了时延，这为混沌保密通信提供了安全保障。

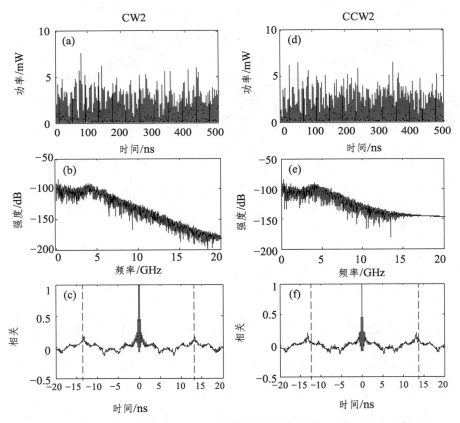

图 6-3　正频率失谐情况下，SRL2 在混沌光注入下 CW 方向（第一列）和
　　　　CCW 方向（第二列）的时间序列、功率谱与互相关曲线

6.3.3　负频率失谐情况下，混沌光注入 SRL2 后的动力学

图 6-4 给出了负频率失谐时，SRL2 在混沌光注入下的两个方向的时间序

列、功率谱和互相关曲线。注入系数为 $k_{inj} = 10\ ns^{-1}$，频率失谐$\Delta f = -7\ GHz$。

如图 6-4（a）、（d）所示，虽然两个方向输出的时间序列仍然为混沌态，但此时出现了有趣的现象，两个方向都出现了混沌态的低频抖动，而且两个方向的振荡是反相的，当 CW2 方向处于高强度振荡时，CCW2 方向处于低强度振荡。文献[19]也报道过类似的低频方波振荡，出现此类现象的物理原因是由于 SRL 的两个方向的模式共用载流子和 SRL 的激射模式的相位敏感性造成的。图 6-4（b）、（e）给出了两个方向的功率谱，可以看出功率谱也出现了展宽，通过计算，CW2 的带宽为 7.92 GHz，CCW2 的带宽为 7.06 GHz，带宽也明显得到了提高。图 6-4（b）、（e）给出了两个方向的互相关系数分布，可以看出 T_{CW} 和 T_{CCW} 处的时延特征的到了明显抑制，几乎看不到峰值，在 $T_{CW} + T_{CCW}$ 处的互相关为 $C = 0.25$，为弱相关，虽然 $T_{CW} + T_{CCW}$ 处由较弱的时延特征，但在两个反馈延时 T_{CW} 和 T_{CCW} 处无时延信息，窃听者无法再现激光器反馈结构并具有一定的迷惑性。

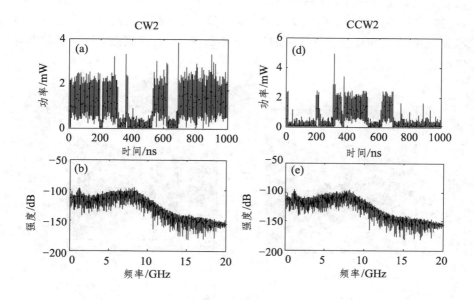

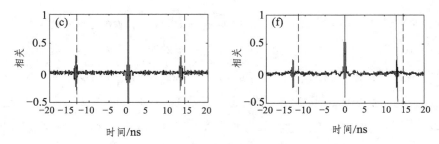

图 6-4　负频率失谐情况下 SRL2 在混沌光注入下 CW 方向（第一列）和
CCW 方向（第二列）的时间序列、功率谱与互相关曲线

6.3.4　频率失谐与注入强度对混沌带宽的影响

图 6-5 给出了 SRL2 两个方向的混沌带宽在注入参数空间中的分布情况。对于 CW2 方向，从图中可以看出，带宽的分布对于频率失谐的值比较敏感，而且正负频率失谐部分的分布并不对称，当频率失谐在 – 5～5 GHz 时，混沌带宽没有增加。当频率失谐在 – 5～ – 15 GHz 时，随着频率失谐的增大带宽逐渐增大，最后在 – 15 GHz 时，带宽增加到了 16 GHz，而对于正失谐部分，当频率失谐在 5～15 GHz 时，随着频率失谐的增大带宽也在增加，但到 15 GHz 时，带宽只有 12 GHz 左右，明显小于 – 15 GHz 时的带宽。对于 CCW2 方向，变化趋势基本上与 CW 方向一致。最后可以得出，通过适当调节注入参数，SRL2 可以输出高达 16 GHz 的混沌带宽，在运用到混沌通信过程中可以显著提高传输速率。

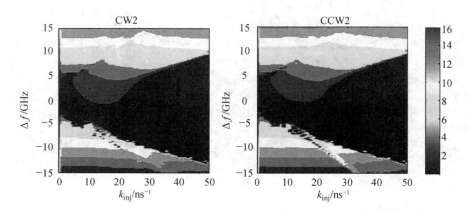

图 6-5　SRL2 的混沌带宽在频率失谐和注入系数参数空间的分布

6.4 结 论

本章理论研究了两个半导体环形激光器（SRLs）在交叉耦合的情况下产生的混沌信号的特性。研究发现，当用单个 SRL 的光反馈结构产生的混沌信号的带宽只有 2 GHz 左右，并且在时间延迟处的相关系数最大达到了 0.48，时延特征明显。当混沌光注入第二个 SRL 后，在 $k_{inj} = 15\ \mathrm{ns}^{-1}$，$\Delta f = 5\ \mathrm{GHz}$ 的参数情况下，两个方向输出的混沌信号的带宽都达到了 8 GHz 左右，并且时延特征得到了很好抑制。在 $k_{inj} = 10\ \mathrm{ns}^{-1}$，$\Delta f = -7\ \mathrm{GHz}$ 的参数情况下，CW2 的带宽为 7.92 GHz，CCW2 的带宽为 7.06 GHz，T_{cw} 和 T_{ccw} 处的时延特征也得到了很好的抑制。最后通过大范围扫描注入参数，得到了带宽高达 16 GHz 的混沌信号，能够满足混沌保密通信的需求。本章的研究结果可为 SRLs 的实际应用提供一定的理论参考。

参考文献

[1]　YAN S L. Period-control and chaos-anti-control of a semiconductor laser using the twisted fiber[J]. Chin Phys B, 2016, 25（9）: 1-7.

[2]　CHEN J J, DUAN Y N, LI L F, et al. Wideband polarization-resolved chaos with time-delay signature suppression in VCSELs subject to dual chaotic optical injections[J]. IEEE J Quantum Electron, 2018, 6（2）: 66807-66815.

[3]　LIN F Y, LIU J M. Nonlinear dynamics of a semiconductor laser with delayed Negative optoelectronic Ffeedback[J]. IEEE J Quantum Electron, 2003, 39（4）: 562-568.

[4]　HONG Y, LEE M W, PAUL J, et al. GHz bandwidth message transmission using chaotic vertical-cavity surfaceemitting lasers[J]. J Lightw Technol, 2009, 27（22）: 5099-5105.

[5] ARGYRIS A, SYVRIDIS D, LARGER L, et al. Chaos-based communications at high bit rates using commercial fibre-optic links[J]. Nature, 2005, 438 （2）: 343-346.

[6] UCHIDA A, AMANO K, INOUE M, et al. Fast physical random bit generation with chaotic semiconductor lasers[J]. Nature Photon, 2008, 2 （12）: 728-732.

[7] VIRTE M, MERCIER E, THIENPONT H, et al. Physical random bit generation from chaotic solitary laser diode[J]. Opt Exp, 2014, 22 （14）: 17271-17280.

[8] LIN F Y, LIU J M. Chaotic radar using nonlinear laser dynamics[J]. IEEE J Quantum Electron, 2004, 40 （6）: 815-820.

[9] CHLOUVERAKIS K E, ADAMS M J. Optoelectronic realisation of NOR logic gate using chaotic two-section lasers[J]. Electron Lett, 2005, 41 （6）: 359-360.

[10] SCHIRES K, GOMEZ S, GALLET A, et al. Passive chaos bandwidth enhancement under dual optical feedback with hybrid III-V/Si DFB Laser[J]. IEEE J Sel Top Quantum Electron, 2017, 23 （6）: 1-5.

[11] LI N, PAN W, XIANG S, et al. Loss of time delay signature in broadband cascade-coupled semiconductor lasers[J]. IEEE Photonics Technol Lett, 2012, 24 （23）: 2187-2190.

[12] HONG Y, SPENCER P S, SHORE K A. Enhancement of chaotic signal bandwidth in vertical-cavity surface-emitting lasers with optical injection[J]. J Opt Soc Amer, 2012, 29 （3）: 415-419.

[13] HONG Y, CHEN X, SPENCER P S. Enhanced flat broadband optical chaos using low-cost VCSEL and fiber ring resonator[J]. IEEE J Quantum Electron, 2015, 51 （3）, 12-16.

[14] CHEN J J, DUAN Y N, LI L F, et al. Wideband polarization-resolved chaos with time-delay signature suppression in VCSELs subject to dual chaotic optical injections[J]. IEEE Access, 2018, 6 （4）: 66807-66815.

[15] SOREL M, GIULIANI G, SCIRÉ A. Operating regimes of GaAs-AlGaAs semiconductor ring lasers: experimental and model[J]. IEEE J Quantum Electron, 2003, 39（9）: 1187-1195.

[16] PÉREZ T, SCIR A, VAN D S G, et al. Bistability and all-optical switching in semiconductor ring lasers[J]. Opt Exp, 2007, 15（20）: 12941-12948.

[17] FRIART G, VAN D S G, Khoder M, et al. Stability of steady and periodic states through the bifurcation bridge mechanism in semiconductor ring lasers subject to optical feedback[J]. Opt Exp, 2017, 25（1）: 339-350.

[18] PEREZ T, SCIRE A, VAN D S G, et al. Bistability and all-optical switching in semiconductor ring lasers[J]. Opt Exp, 2007, 15（20）: 12941-12498.

[19] MASHAL L, VAN D S G, GELENS L, et al. Square-wave oscillations in semiconductor ring lasers with delayed optical feedback[J]. Opt Exp, 2012, 20（20）: 22503-22516.

[20] GELENS L, BERI S, VAN D S G, et al. Optical injection in semiconductor ring lasers: backfire dynamics[J]. Opt Exp, 2008, 16（15）: 10968-10974.

[21] LIN F Y, LIU J M. Nonlinear dynamical characteristics of an optically injected semiconductor laser subject to optoelectronic feedback[J]. Opt Commun, 2003, 221（1）: 173-180.

7 半导体激光器混沌输出的时延特征抑制

7.1　引　言

光学混沌由于其在安全光通信、高速随机比特产生和光子神经网络等领域的应用而受到了广泛关注[1-4]。光学混沌可利用光电振荡器[5]、光纤环形谐振器[6]、光机械振荡器[7]、半导体激光器（Semiconductor Lasers，SL）[8-10]等器件产生。其中，SL 是目前应用比较广泛的光学器件之一[11, 12]，利用延迟光反馈或光电反馈下的 SL 产生光学混沌信号具有结构简单、成本较低等优点[13]。然而，这种方法所产生的混沌信号在与反馈长度相对应的时滞位置表现出很强的相关性，在一些文献中被称为时延特征（Time-Delay Signature，TDS）[14]。这种自相关特性可以很容易地提取出来，例如利用自相关函数（ACF）和延迟相互信息（MI）来分析混沌信号可以成功地识别 TDS。并且对于一些系统，窃听者能够重构潜在的混沌动力学，这将影响到混沌保密通信的安全性[14-17]。此外，对于随机比特数产生而言，混沌信号中的 TDS 将会影响比特序列的随机性能。因此，隐藏混沌源的 TDS 对于其相关的应用至关重要。目前，关于消除 SL 产生的混沌信号 TDS 的研究已有大量报道[18-25]。例如，XIANG 等人系统地研究了单光反馈、双光反馈、单光相位调制反馈以及双光相位调制反馈这四种反馈情况对产生的混沌的 TDS 的影响，发现在较强的反馈强度下，只有双光相位调制反馈能同时消除混沌信号的强度与相位的 TDS[18]。LI 等人将 SL 在光反馈下产生的具有较强 TDS 的混沌信号注入到另外一个 SL 中，通过简单地调整两个激光器之间的耦合强度和频率失谐，可以在从激光器中产生具有较低 TDS 的宽带混沌信号[19]。JIANG 等人利用一个带自相位调制反馈环的 SL 产生混沌信号，并且在输出端连接一个微球谐振腔，利用自相位调制和微球谐振腔实现了较好的 TDS 抑制[20]。WU 等人在一个 SL 中引入了双光反馈来消除产生的混沌信号的 TDS，研究发现，通过适当调节两路反馈的反馈参数，TDS 能够被完美的抑制[21]。LI 等人实验和数值研究了频率失谐光纤布拉格光栅（Fiber Bragg Grating，FBG）对反馈对 SL 产生的混沌信号的影响[22]。研究表明，这种分布反射有效地抑制了混沌强度时间序列自相关函数中包含的 TDS。并且当 FBG 与自由运行的激光频率为正失谐时，TDS 得到了最佳的抑制[22]。

半导体环形激光器（Semiconductor Ring Laser，SRL）是一种新型的激光器，它具有环形的谐振腔结构，并允许两个反向的模式，顺时针（Clockwise，CW）模式和逆时针（Counter Clockwise，CCW）模式在腔内进行振荡[26]。SRL 通过波导能直接与延迟线、分束器和探测器进行耦合，因此可应用在大规模的集成电路及芯片中。目前关于半导体环形激光器在外部扰动下的非线性动力学的研究已经有大量报道[27-30]。其中 NGUIMDO 等人理论研究了 SRL 在交叉光反馈的情况下输出的光混沌信号的 TDS，研究发现，通过增加 SRL 的线宽增强因子，混沌信号的 TDS 能够被有效抑制[27]。但是，SRL 一旦制作完成，线宽增强因子很难改变，这就为该种技术来消除 TDS 带来了局限性。因此，本章提出一种新的简单的消除 SRL 在光反馈下产生的混沌信号 TDS 的方案。该方案在 SRL 的两个模式输出上引入滤波光反馈，通过调节反馈时间和反馈强度使 SRL 工作在混沌状态。进一步改变滤波器的频率失谐和滤波带宽，可以有效消除混沌信号的 TDS。

7.2 理论模型

图 7-1（a）展示了 SRL 在普通光反馈下的示意图，其中 CW 和 CCW 表示腔内振荡的两个模式[27]。两个模式输出光经过衰减器后反馈回腔内，衰减器用来调节反馈强度的大小。图 7-1（b）展示了 SRL 在滤波光反馈下的示意图，与普通光反馈不同的是，两个模式输出光经过滤波器后反馈回腔内，滤波器可控制反馈光的频率成分。

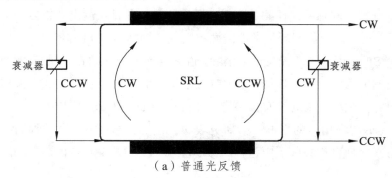

（a）普通光反馈

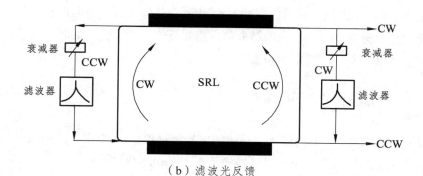

（b）滤波光反馈

图 7-1　SRL 光反馈示意图

为了方便论述，用 E_1（E_2）和代表两个激射模式 CW（CCW），并考虑光反馈后，描述基于 SRL 产生混沌信号的速率方程为[12, 27, 28]：

$$\frac{dE_1}{dt} = k(1+i\alpha)[g_1 N - 1]E_1 - (k_d + ik_c)E_2 e^{i\theta} + \eta_1 F_1 \tag{7-1}$$

$$\frac{dE_2}{dt} = k(1+i\alpha)[g_2 N - 1]E_2 - (k_d + ik_c)E_1 e^{i\theta} + \eta_2 F_2 \tag{7-2}$$

$$\frac{dN}{dt} = \gamma[\mu - N - g_1 N |E_1|^2 - g_2 N |E_2|^2] \tag{7-3}$$

$$g_1 = 1 - s|E_1|^2 + c|E_2|^2 \tag{7-4}$$

$$g_2 = 1 - s|E_2|^2 + c|E_1|^2 \tag{7-5}$$

其中 E_1 和 E_2 表示两个输出模式的电场复振幅，1 和 2 分表示 CW 和 CCW 模。t 表示时间，N 表示载流子数，g_1 和 g_2 表示两个模式的增益。η_1 和 η_2 为两个模式的反馈速率。其他物理量的物理涵义请见表 1。当光反馈为普通光反馈时，F_1 和 F_2 可以表示为

$$F_1 = E_1(t - T_1) e^{i\phi_1} \tag{7-6}$$

$$F_2 = E_2(t - T_2) e^{i\phi_2} \tag{7-7}$$

115

其中 T_1 和 T_2 为两路反馈延迟时间，ϕ_1 和 ϕ_2 为外腔光反馈引起的相位差，为简化讨论，设 ϕ_1 和 ϕ_2 为 2π 的整数倍。当光反馈为滤波光反馈时，对于洛伦兹型滤波器，反馈函数可表示为[31]：

$$F(t) = \int_{-\infty}^{t} r(t'-t)E(t')\mathrm{d}t \qquad (7\text{-}8)$$

其中 t' 为时间变量，E 为激光器输出的电场复振幅，$r(t)$ 为设备的响应函数，对于洛伦兹型滤波器，由傅里叶转换关系，$r(t)$ 可表示为[31]

$$r(t) = \Lambda \exp(-\Lambda|t| - \mathrm{i}(\omega_\mathrm{c} - \omega_0)t) \qquad (7\text{-}9)$$

ω_c 为洛伦兹谱的中心频率，ω_0 为激光器的光频，并设 $\Delta\Omega = \omega_0 - \omega_\mathrm{c}$，为 SRL 与滤波器中心频率的频率失谐。$\Lambda$ 为滤波器带宽，它代表了滤波器滤波频率范围的半宽半极大值（HWHM）。由（7-8）和（7-9），关于 F 的微分方程可表示为[31]：

$$\frac{\mathrm{d}F(t)}{\mathrm{d}t} = \Lambda E(t-T)\exp(\mathrm{i}\phi) + (\mathrm{i}\,\Delta\Omega - \Lambda)F \qquad (7\text{-}10)$$

其中 T 为反馈延迟时间，ϕ 为相差。因此，对于 SRL 的两个模式的滤波反馈函数的微分方程分别为

$$\frac{\mathrm{d}F_1}{\mathrm{d}t} = \Lambda E_1(t-T_1)\,\mathrm{e}^{\mathrm{i}\phi_1} + (\mathrm{i}\,\Delta\Omega - \Lambda)F_1 \qquad (7\text{-}11)$$

$$\frac{\mathrm{d}F_2}{\mathrm{d}t} = \Lambda E_2(t-T_2)\,\mathrm{e}^{\mathrm{i}\phi_2} + (\mathrm{i}\,\Delta\Omega - \Lambda)F_2 \qquad (7\text{-}12)$$

其中，F_1 和 F_2 为反馈回腔内的电场复振幅，T_1、T_2、ϕ_1 和 ϕ_2 的物理涵义与普通光反馈相同。这里需要指出的是，普通光反馈是将激光器输出的电场全部反馈回 SRL 腔内，因此电场的自我复制会使产生的混沌信号具有较强的时延特征（TDS），而滤波光反馈能过滤掉反馈回腔内电场的一部分频率成分，这将可能降低外腔带来的 TDS。SRL 物理参数及取值见表 7-1。

表 7-1　SRL 物理参数及取值

符号	参数/单位	取值
μ	归一化电流	2.4
s	自饱和系数	5×10^{-3}
c	互饱和系数	0.01
k	电场衰减速率/ns^{-1}	100
γ	载流子衰减速率/ns^{-1}	0.2
θ	耦合相位	0
k_d	保守耦合系数/ns^{-1}	0.033
k_c	耗散耦合系数/ns^{-1}	0.44
α	线宽增强因子	3.5

本章使用自相关函数来量化混沌信号的 TDS，其定义为[30]

$$C(\Delta t) = \frac{\left\langle \left(A(t+\Delta t) - \langle A(t) \rangle \right) \left(A(t) - \langle A(t) \rangle \right) \right\rangle}{\left(\left\langle A(t+\Delta t) - \langle A(t) \rangle \right\rangle^2 \left\langle A(t) - \langle A(t) \rangle \right\rangle^2 \right)^{1/2}} \qquad (7\text{-}13)$$

其中 $A(t)$ 代表混沌时间序列，Δt 是移动时间。TDS 可以从自相关曲线的峰值位置得到。另外，互信息（MI）的定义为[27]

$$M(\Delta t) = \sum_{p(t),p(t+\Delta t)} \delta(p(t), p(t+\Delta t)) \log \frac{\delta(p(t), p(t+\Delta t))}{\delta(p(t))\delta(p(t+\Delta t))} \qquad (7\text{-}14)$$

这里 $\delta(p(t), p(t+\Delta t))$ 为联合概率，$\delta[p(t)]$ 和 $\delta[p(t+\Delta t)]$ 是边际概率密度。互信息的峰值位置也可以表征 TDS。

本章采用 MATLAB（R2014a）软件对上述微分方程进行数值仿真。具体数值化的方法是使用基于泰勒展开式的初始条件给定的数值迭代法，采用的是高精度的四阶龙格-库塔方法进行数值求解，仿真时电场和载流子的初始值设定为足够小的值（1×10^{-6}），数值迭代步长为 1 ps，时间序列长度为 1 μs，将时间离散化后总的时间点数为 10^6。当 SRL 经过一段弛豫振荡后，激光器达到稳定，在此稳定条件下引入滤波光反馈，并计算出滤波光反馈下的离散的时间序列，最后基于时间序列分析 SRL 输出的动力学。需要说明的是，当反馈为滤波反馈时，公式（7-11）和（7-12）要进行数值迭代。

7.3 仿真结果及分析

7.3.1 普通光反馈下 SRL 输出的混沌动力学

首先讨论普通光反馈下 SRL 输出的混沌信号的时延特征（TDS），具体反馈结构如图 7-1（a）所示。由于参数较多，为简化讨论，假设 CW 模和 CCW 模的反馈延迟时间相同并固定为 $T_1 = T_2 = 5$ ns，并且两路的反馈速率也相同。因此 CW 模和 CCW 模输出的混沌时间序列相似，在这里本文只讨论 CW 模输出的混沌动力学。图 7-2（a）、（b）、（c）、（d）给出了 $T_1 = T_2 = 5$ ns，$\eta_1 = \eta_2 = 5$ ns^{-1} 时 SRL 输出的时间序列、功率谱、自相关和互信息图。如图 7-2（a）所示，时间序列表现出无规则振荡，强度分布在 $0 \sim 3$，说明此时激光器工作在混沌态，混沌态的出现是由于外腔模与腔内弛豫振荡竞争的结果。对时间序列作傅里叶变换可得到对应的功率谱，如图 7-2（b）所示。功率谱无明显峰值，验证了此时 SRL 工作在混沌态。本章采用了自相关（AC）和互信息（MI）技术来量化输出混沌时间序列的时延特征的大小，具体计算结果如图 7-2（c）、（d）所示。其中，自相关分布在时间延迟 $T_1 = 5$ ns 处有明显的峰值 AC = 0.39，此峰值的出现是由于外腔光反馈的时间延迟延引起的，并且此时的自相关的值大于 0.20，说明 TDS 比较明显。而互信息的分布也证实了这一点，在时间延迟处也有明显的峰值 MI = 0.11 出现。图 7-2（e）、（f）、（g）、（h）给出了 $\eta_1 = \eta_2 = 8$ ns^{-1} 时 SRL 输出的动力学特性图，可以看出，随着反馈强度的增加，SRL 仍然工作在混沌态，但是在时间延迟处 AC 和 MI 的峰值增加到了 0.65 和 0.18，说明此时的混沌信号具有较强的时延特征。进一步增加反馈强度到 11 ns^{-1}，如图 7-2（i）、（j）、（k）、（l）所示，时延特征进一步加强。

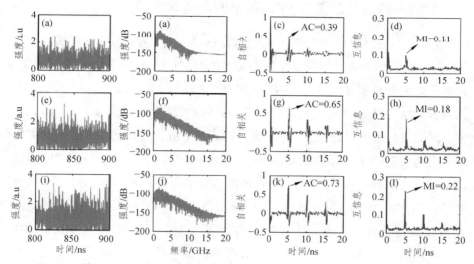

图 7-2　普通光反馈下时 SRL 输出的动力学特性[（a）（e）（i）时间序列；
（b）（f）（j）功率谱；（c）（g）（k）自相关图；（d）（h）（l）互信息图]

为全面掌握反馈强度对 SRL 在普通光反馈下产生的混沌信号的影响，图 7-3 给出了自相关（AC）和互信息（MI）在时间延迟处的峰值随反馈强度的变化图。如图所示，随着反馈强度的增加，混沌信号的时延特征（TDS）在逐渐增强。因此，在普通反馈下 SRL 输出混沌时间序列的 TDS 比较明显，窃听者能盗取时延信息而可能重构混沌信号，影响保密通信的安全性。下面将采用滤波光反馈技术来尝试隐藏输出混沌信号的 TDS。

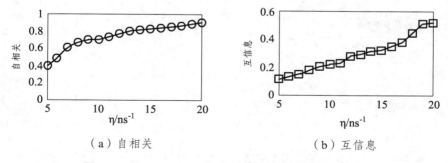

（a）自相关　　　　　　　　　　（b）互信息

图 7-3　当 $T_1 = T_2 = 5$ ns 时，TDS 随反馈强度的变化.

7.3.2 滤波光反馈下 SRL 输出的混沌动力学

图 7-4 展示了滤波光反馈下 SRL 输出的动力学。为了与普通反馈进行比较，这里的反馈延迟时间和反馈速率与图 7-2（a）、（b）、（c）、（d）取值相同。此外，滤波器带宽 Λ 固定为 7 GHz。如图 7-4（a）、（b）、（c）、（d）所示，当滤波器的中心频率与 SRL 自由运行时的频率差值（频率失谐）$\Delta\Omega = -10$ GHz 时，时间序列做无规则振荡，功率谱变得更加平滑，说明此时 SRL 仍然工作在混沌态。进一步计算自相关和互信息，如图 7-4（c）、（d）所示，时间延迟处的 AC 的峰值减小到 0.31，MI 的峰值减小到了 0.06，但 TDS 还是比较明显。当 $\Delta\Omega = 0$ GHz 时，如图 7-4（e）、（f）、（g）、（h）所示，AC 的峰值减小到 0.24，MI 的峰值减小到了 0.04，TDS 明显减弱。当 $\Delta\Omega = 10$ GHz 时，如图 7-4（i）、（j）、（k）、（l）所示，AC 的峰值减小到 0.07，MI 的峰值减小到了 0.04，表明此时 TDS 被很好地隐藏了。滤波光反馈能够消除 TDS 的原因是由于滤波器过滤掉了混沌信号的一部分频率，特别是与时间延迟所对应的频率成分，这将导致 TDS 变弱。这里只给出了一组滤波反馈参数下的 TDS 隐藏情况，下面将讨论不同的滤波带宽和频率失谐对 TDS 的抑制情况。

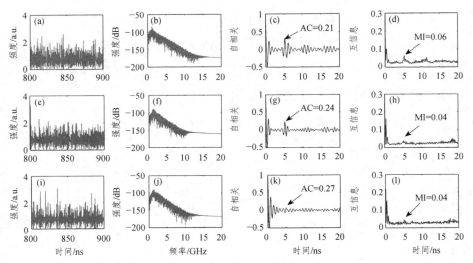

图 7-4　滤波光反馈下时 SRL 输出的动力学特性[（a）（e）（i）时间序列；（b）（f）（j）功率谱；（c）（g）（k）自相关图；（d）（h）（l）互信息图]

图 7-5 展示了时间延迟处的自相关峰值和互信息峰值在滤波参数空间中的分布图。其中，反馈延迟时间和反馈速率设置为 $T_1 = T_2 = 5$ ns，$\eta_1 = \eta_2 = 5$ ns^{-1}。频率失谐 $\Delta\Omega$ 变化范围为 $-30 \sim 30$ GHz，滤波器带宽从 1 GHz 增加到 30 GHz。图中白色区域代表 SRL 工作在除混沌态以外的其他动力学态。如图 7-5（a）所示，当滤波器带宽取值较小时（ $\Lambda < 8$ GHz），对于较大的频率失谐 $\Delta\Omega$，SRL 容易进入除混沌态以外的其他动力学态。这是由于较小的带宽使得反馈回腔内的混沌信号的频率成分变少，此时当频率失谐增大时，外腔反馈信号与腔内信号相互竞争变弱，这将使 SRL 变得相对比较稳定而使系统逃离出混沌态。而对于较小的频率失谐值，尤其是正失谐时，外腔反馈信号与腔内信号相互作用变强，容易使 SRL 工作在混沌态。并且由于滤波器滤掉了大部分的频率成分，使得 TDS 明显减弱。当滤波器带宽取值较大时（ $\Delta\Omega \geqslant 8$ GHz），在整个频率失谐范围内，自相关（AC）的峰值都有明显的降低，并且在正频率失谐范围内 TDS 隐藏的最好，这与普通 DFB 激光器在滤波光反馈下所观测到的实验结果一致，其物理原因是由于反导效应引起的激光腔共振频率红移造成的[22]。此外，随着滤波器带宽的增大，TDS 抑制较好的区域向正频率失谐增大的方向上移动，这是由于红移效应增强引起的[22]。如图 7-5（b）所示，互信息峰值（MI）的分布与自相关峰值的分布相类似，图中橙色区域标出了 MI 的值小于 0.10 的情况。可以看出，引入滤波光反馈后，SRL 输出的混沌时间序列的 TDS 在较大的参数范围内得到了较好的抑制。

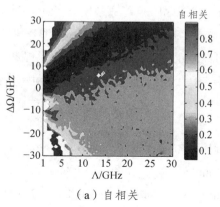

（a）自相关

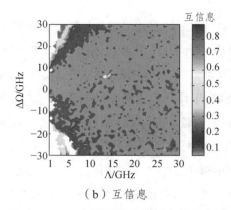

（b）互信息

图 7-5　TDS 在滤波参数空间中的分布图

7.4　结　论

数值研究了半导体环形激光器（SRL）在滤波光反馈下输出的混沌信号的时延特征（TDS），利用自相关函数（AC）和互信息（MI）技术进行了量化，并与普通光反馈情况进行了对比。当 SRL 经受普通光反馈，并且反馈延迟时间取值为 $T_1 = T_2 = 5$ ns 时，自相关和互信息在反馈延时处对应的峰值较大，TDS 较为明显，窃听者容易重构混沌信号，不利于保密通信。为了消除 TDS，本章引入了滤波光反馈，发现当与普通光反馈的反馈速率与反馈延迟时间相同，并且 $\Lambda = 7$ GHz，$\Delta\Omega = 10$ GHz 时，反馈时间延迟处的峰值下降到 AC = 0.07 和 MI = 0.04，TDS 被明显抑制。此外，通过 AC 和 MI 在滤波器带宽 Λ 和频率失谐 $\Delta\Omega$ 构成的参数空间中的分布，发现在较大的参数范围内 TDS 都能被有效隐藏。并且在正失谐区域的 TDS 抑制效果明显优于负失谐情况，这是由于自注入反导效应引起的激光器共振频率红移造成的。本文的研究结果可为基于 SRL 的混沌保密通信系统提供一定的理论支持。

参考文献

[1]　JIANG N, PAN W, YAN L S, et al. Chaos synchronization and communication in mutually coupled semiconductor lasers driven by a third laser[J]. Journal of Lightwave Technology, 2010, 28（13）: 1978-1986.

[2] WU J G, WU Z M, TANG X, et al. Experimental demonstration of LD-based bidirectional fiber-optic chaos communication[J]. IEEE Photonics Technology Letters, 2013, 25 (6): 587-590.

[3] WANG A B, WANG L S, LI P, et al. Minimal-post-processing 320-Gbps true random bit generation using physical white chaos[J]. Optics Express, 2017, 25 (4): 3153-3164.

[4] TANAKA G, YAMANE T, HÉ ROUX J B, et al. Recent advances in physical reservoir computing: a review[J]. Neural Networks, 2019, 115: 100-123.

[5] WANG L X, ZHU N H, ZHENG J Y, et al. Chaotic ultra-wideband radio generator based on an optoelectronic oscillator with a built-in microwave photonic filter[J]. Applied Optics, 2012, 51 (15): 2935-2940.

[6] WANG A, WANG Y C, YANG Y B, et al. Generation of flat-spectrum wideband chaos by fiber ring resonator[J]. Applied Physics Letters, 2013, 102 (3): 031112.

[7] WU J G, HUANG S W, HUANG Y J, et al. Mesoscopic chaos mediated by Drude electron-hole plasma in silicon optomechanical oscillators[J]. Nature Communications, 2017, 8 (1): 15570.

[8] XIANG S Y, ZHANG Y H, GUO X X, et al. Photonic generation of neuron-like dynamics using VCSELs subject to double polarized optical injection[J]. Journal of Lightwave Technology, 2018, 36 (19): 4227-4234.

[9] UCHIDA A, AMANO K, INOUE M, et al. Fast physical random bit generation with chaotic semiconductor lasers[J]. Nature Photonics, 2008, 2 (12): 728-732.

[10] WU J G, XIA G Q, TANG X, et al. Time delay signature concealment of optical feedback induced chaos in an external cavity semiconductor laser[J]. Optics Express, 2010, 18 (7): 6661-6666.

[11] 何永勃, 杨伟, 范广永, 等. 基于速率方程的半导体激光器温度特性研究[J]. 应用激光, 2019, 39（5）：880-885.

[12] HE Y B, YANG W, FAN G Y, et al. Temperature characteristics of semiconductor lasers based on rate equation[J]. Applied Laser, 2019, 39（5）：880-885.

[13] XUE C P, JI S K, HONG Y H, et al. Numerical investigation of photonic microwave generation in an optically injected semiconductor laser subject to filtered optical feedback[J]. Optics Express, 2019, 27（4）：5065-5082.

[14] DENG T, WU Z M, XIA G Q. Two-mode coexistence in 1550-nm VCSELs with optical feedback[J]. IEEE Photonics Technology Letters, 2015, 27（19）：2075-2078.

[15] RONTANI D, LOCQUET A, SCIAMANNA M, et al. Timedelay identication in a chaotic semiconductor laser with optical feedback：A dynamical point of view[J]. IEEE Journal of Quantum Electronics, 2009, 45（7）：879-891.

[16] NGUIMDO R M, COLET P, LARGER L, et al. Digital key for chaos communication performing time delay concealment[J]. Physical Review Letters, 2011, 107：034103.

[17] RONTANI D, LOCQUET A, SCIAMANNA M, et al. Loss of timedelay signature in the chaotic output of a semiconductor laser with optical feedback[J]. Optics Letters, 2007, 32（20）：2960-2962.

[18] ORT N S, GUTI RREZ J M, PESQUERA L, et al. Nonlinear dynamics extraction for time-delay systems using modular neural networks synchronization and prediction[J]. Physica A, 2005, 351：133-141.

[19] XIANG S Y, PAN W L, ZHANG Y, et al. Phase-modulated dual-path feedback for time delay signature suppression from intensity and phase chaos in semiconductor laser[J]. Optics Communications, 2014, 324：38-46.

[20] LI N Q, PAN W, XIANG S Y, et al. Photonic generation of wideband time delay signature eliminated chaotic signals utilizing an optically injected semiconductor laser[J]. IEEE Journal of Selected Topics in Quantum Electronics, 2012, 48（10）: 1339-1345.

[21] JIANG N, ZHAO A K, LIU S Q, et al. Generation of broadband chaos with perfect time delay signature suppression by using self-phase-modulated feedback and a microsphere resonator[J]. Optics Letters, 43（21）, 2018, 5359-5362.

[22] WU J G, XIA G Q, WU Z M. Suppression of time delay signatures of chaotic output in a semiconductor laser with double optical feedback[J]. Optics Express, 2009, 17（22）: 20124-20133.

[23] LI S S, CHAN S C. Chaotic time-delay signature suppression in a semiconductor laser with frequency-detuned grating feedback[J]. IEEE Journal of Selected Topics in Quantum Electronics, 2015, 21（6）: 541-552.

[24] XIANG S Y, WEN A J, PAN W, et al. Suppression of chaos time delay signature in a ring network consisting of three semiconductor lasers coupled with heterogeneous delays[J]. Journal of Lightwave Technology, 2016, 34（18）: 4221-4227.

[25] XIANG S Y, PAN W, WEN A J, et al. Conceal time delay signature of chaos in semiconductor lasers with dual-path injection[J]. IEEE Photonics Technology Letters, 2013, 25（14）, 1398-1401.

[26] LI N Q, PAN W, LOCQUET A, et al. Time-delay concealment and complexity enhancement of an external-cavity laser through optical injection[J]. Optics Letters, 2015, 40（19）: 4416-4419.

[27] GAETAN F, VAN D S G, MULHAM M K. Stability of steady and periodic states through the bifurcation bridge mechanism in semiconductor ring lasers subject to optical feedback[J]. Optics Express, 2017, 25（1）: 339-350.

[28] NGUIMDO R M, VERSCHAFFELT G, DANCKAERT J, et al. Loss of time-delay signature in chaotic semiconductor ring lasers[J]. Optics Letters, 2012, 37（13）: 2541-2543.

[29] LI N Q, PAN W, XIANG S Y. Hybrid chaos-based communication system consisting of three chaotic semiconductor ring lasers[J]. Applied Optics, 2013, 52（7）: 1523-1530.

[30] LI N Q, NGUIMDO R M, LOCQUET A, et al. Enhancing optical-feedback-induced chaotic dynamics in semiconductor ring lasers via optical injection[J]. Nonlinear Dynamics, 2018, 92: 315-324.

[31] VERSCHAELT G, KHODER M, VAN D S G. Optical feedback sensitivity of a semiconductor ring laser with tunable directionality[J]. Photonics, 2019, 6, 112.

[32] OHTSUBO J. Semiconductor laser stability, instability and chaos[M]. NewYork: Springer, 2013: 97-98.

8　单向耦合下半导体环形
激光器的同步

8.1 引 言

近年来，半导体激光器（SL）在医疗、通信等领域有着广泛的应用[1-6]。其中，基于两个耦合半导体激光器之间的混沌同步研究由于其在保密光通信中的潜在应用而引起了人们的广泛关注[3-6]。该系统的基本原理是将一个混沌外腔半导体激光器（称为主激光器）的混沌光单向注入另一个半导体激光器（称为从激光器），实现主激光和从激光器之间的混沌同步。混沌同步后从激光器能够再现主激光器的混沌信号，并且主从激光器的混沌同步对于参数失配具有一定鲁棒性。主从激光器成功进行混沌同步后，安全保密通信才能实现，其主要原理是在主激光器的混沌输出中对信息进行编码，编码后的信息经过传输后到达从激光器并在从激光器处进行解码，因此同步性能的好坏是对信息成功进行解码的关键。为了评估同步的质量，通常采用互相关分析来量化同步性能[7]，归一化的互相关系数通常取值在[−1, 1]范围内，互相关系数的绝对值大表明主从激光器的混沌信号的相似度越好。此外，混沌信号的时间延迟特征也是一个重要的物理量，它直接影响了通信的安全性，这是因为第三方窃听者能够根据时延特征再现激光器参数，从而破解传输的信息。基于半导体激光器系统的同步可分为完全同步与广义同步，完全同步对主从激光器的参数失配要求较高，而广义同步有较好的鲁棒性，因此在同步的实际应用中多采用广义同步。2005 年由 ARGYRIS 领导的科研团队在希腊雅典进行了基于光网络的混沌光通信的现场实验，开启了光混沌保密通信走向实用的大门[7]。目前，基于边沿发射半导体激光器（Edge Emitting Semiconductor Laser，EEL）和垂直腔面发射半导体激光器（Vertical Cavity Surface Emission Semiconductor Laser，VCSEL）的混沌同步研究已经有了大量报道[8-14]。

与 EEL 和 VCSEL 相比，半导体环形激光器（Semiconductor Ring Lasers，SRL）拥有由闭合环形波导构成的特殊的谐振腔结构。因此它允许两种传播模式在谐振腔内共存，即顺时针（Clockwise，CW）模式与逆时针（Counter Clockwise，CCW）模式[15, 16]，此种结构可用在全光逻辑、全光储存、光开关和双信道通信、光陀螺仪等领域。SRL 在外部光注入或者光反馈的作用下可产生单周期态、双稳态、光学开关、方波以及混沌等丰富的动力学状态[17-20]。目前基于 SRL 的混沌同步研究已经有相关报道，例如，LI 等人利用三个 SRL 实现了混沌信号的双向同步，在主激光器端通过混沌移位密钥加密的消息可以被两个 SRL 成功地解密，而两个不耦合的 SRL 允许两个反向传播模式进行双通道混沌通信[21]。王顺天等人利用类似的结构实现了基于三个 SRL 的混沌同步，他们通过将主激光器引入两个交叉反馈环路来有效抑制时延信息[22]。然而上述的基于 SRL 混沌同步通信的结构都比较复杂，本章利用交叉光反馈加自反馈作用下的一个主 SRL 所产生的混沌信号注入到一个从 SRL 中，构建了一个简单的完全基于 SRL 的低时延特征的混沌保密通信系统。首先建立了基于两个 SRL 的混沌同步的理论模型，然后探索主 SRL 的反馈系数对混沌时延特征的影响，通过适当选择反馈参数来得到低时延特征的混沌信号。将此混沌信号注入到从 SRL 中以实现同步，并研究注入系数对同步性能的影响，最后给出大参数范围内的同步系数分布图。

8.2 理论模型

如图 8-1 给出了基于两个 SRL 的混沌同步示意图，其中 SRL1 为主激光器，SRL2 为从激光器。SRL1 拥有交叉反馈加自反馈结构，其中反馈环 1 和 2 代表了交叉光反馈环，反馈环 3 代表了自反馈，混沌信号由 SRL1 在光反馈作用下提供。$E_{1cw}(E_{1ccw})$ 和 $E_{2cw}(E_{2ccw})$ 分别代表了主从激光器的两个方向输出的电场复振幅。SRL1 的两个方向的混沌输出 E_{1cw} 和 E_{1ccw} 平行注入到 SRL2 的 CW 和 CCW 方向，通过适当调节参数来实现两个 SRL 的混沌同步。

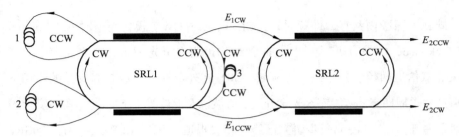

图 8-1　两个 SRL 的耦合示意图

本章采用 SOREL 等人提出的半导体环形激光器的耦合模型[23]，该模型的仿真结果与实验结果一致。在单纵模操作中，环形腔内的电场可以表示为 $E(x,t) = E_{CW}(t)e^{-i(\omega t + \kappa x)} + E_{CCW}(t)e^{-i(\omega t + \kappa x)}$。其中 $E(x, t)$ 表示环形腔内的电场复振幅，$E_{CW}(t)$ 和 $E_{CCW}(t)$ 表示两个方向的电场复振幅，ω 为激光器自由运行角频率，κ 为波矢，x 是沿环的空间坐标。该模型考虑了两个方向的增益以及保守和耗散作用，具体的速率方程请参见文献[23]。

考虑主从 SRL 两个方向输出的电场复振幅 $E_{1, 2CW}$ 和 $E_{1, 2CCW}$，载流子 $N_{1, 2}$，以及三个反馈环路和光注入，描述两个 SRL 同步的速率方程如下[19, 23]：

$$\frac{dE_{1CW}}{dt} = \kappa(1+i\alpha)[g_{1CW}N_1 - 1]E_{1CW} - (k_d + ik_c)E_{1CCW} + \eta_1 E_{1CCW}(t - T_1)e^{-i\omega T_1} + \eta_3 E_{1CW}(t - T_3)e^{-i\omega T_3} \tag{8-1}$$

$$\frac{dE_{1CCW}}{dt} = \kappa(1+i\alpha)[g_{1CCW}N_1 - 1]E_{1CCW} - (k_d + ik_c)E_{1CW} + \eta_2 E_{1CW}(t - T_2)e^{-i\omega T_2} + \eta_3 E_{1CCW}(t - T_3)e^{-i\omega T_3} \tag{8-2}$$

$$\frac{dE_{2CW}}{dt} = \kappa(1+i\alpha)[g_{2CW}N_2 - 1]E_{2CW} - (k_d + ik_c)E_{2CCW} + k_{inj}E_{1CCW}e^{i(2\pi\Delta ft - \omega\tau)} \tag{8-3}$$

$$\frac{dE_{2CCW}}{dt} = \kappa(1+i\alpha)[g_{2CCW}N_2 - 1]E_{2CCW} - (k_d + ik_c)E_{2CW} + k_{inj}E_{1CW}e^{i(2\pi\Delta ft - \omega\tau)} \tag{8-4}$$

$$\frac{dN_{1,2}}{dt} = \gamma[\mu_{1,2} - N_{1,2} - g_{1,2CW}N_{1,2}\left|E_{1,2CW}\right|^2 - g_{1,2CCW}N_{1,2}\left|E_{1,2CCW}\right|^2] \tag{8-5}$$

$$g_{1,2CW} = (1 - s\left|E_{1,2CW}\right|^2 - m\left|E_{1,2CCW}\right|^2) \tag{8-6}$$

$$g_{1,2CCW} = (1 - s|E_{1,2CCW}|^2 - m|E_{1,2CW}|^2)$$ （8-7）

其中下标 1 和 2 表示主从 SRL，CW 和 CCW 分别表示两个模式。E_{1CW}，E_{1CCW} 分别表示 SRL1 的 CW 和 CCW 方向上的电场复振幅，E_{2CW}，E_{2CCW} 分别表示 SRL2 的 CW 和 CCW 方向上的电场复振幅。$N_{1,2}$ 代表了 SRL1 与 SRL2 的腔内载流子数。模型中同时考虑了耗散和保守作用，其中 k_d 和 k_c 为耗散和保守系数。$\eta_{1,2}$ 为两个模式的交叉反馈系数，$T_{1,2}$ 为对应的反馈延迟，η_3 为自反馈系数，T_3 为对应的反馈延迟。α 为线宽展宽因子，κ 为场衰减速率，γ 为载流子衰减速率，ω 为激光器自由运行角频率。k_{inj} 与 Δf 分别为注入系数和频率失谐，频率失谐定义为两个 SRL 的频率差值，τ 为注入时间延迟。$g_{1,2CW}$ 与 $g_{1,2CCW}$ 表示主从 SRL 两个模式的增益。方程中考虑了自饱和和互饱和的影响，s 和 m 分别代表两种饱和系数。$\mu_{1,2}$ 为两个 SRL 的归一化的电流，$\mu_{1,2} = 1$ 时开始辐射。仿真所使用的参数值为[17]：$\kappa = 0.1 \text{ ps}^{-1}$，$\gamma = 0.2 \text{ ns}^{-1}$，$s = 5 \times 10^{-3}$，$m = 1 \times 10^{-2}$，$k_d = 3.3 \times 10^{-2} \text{ ns}^{-1}$，$k_c = 0.44 \text{ ns}^{-1}$，$\tau = 3 \text{ ns}$，$\alpha = 3.5$，$\mu_{1,2} = 2.4$。

本章采用自（互）相关函数来衡量混沌信号的时延大小与混沌同步的质量，互相关函数为[19]：

$$C(\Delta t) = \frac{\langle [x_1(t) - \langle x_1(t) \rangle] \cdot [x'(t - \Delta t) - \langle x'(t - \Delta t) \rangle] \rangle}{\sqrt{\langle |x_1(t) - \langle x_1(t) \rangle|^2 \rangle \langle |x'(t - \Delta t) - \langle x'(t - \Delta t) \rangle|^2 \rangle}}$$ （8-8）

其中，$x(t)$，$x'(t)$ 为任意两个时间序列，Δt 为两个时间序列间的延迟，$\langle \cdot \rangle$ 表示对时间取平均。互相关系数绝对值的取值范围为[0, 1]，0 和 1 分别表示完全不相关和完全相关。当 $x(t) = x'(t)$ 时，C 表示自相关，为了区分自相关和互相关，本章用 AC 表示自相关，CC 表示互相关。

8.3 结果及分析

为了掌握 SRL1 在交叉光反馈下两个模式输出信号的特点，图 8-2 给出了 $\eta_1 = 5 \text{ ns}^{-1}$，$\eta_2 = 8 \text{ ns}^{-1}$，$T_1 = 5 \text{ ns}$，$T_2 = 8 \text{ ns}$ 时 SRL1 输出的波形、功率谱与自相关系数分布。如图 8-2（a）、（e）所示，两个模式输出的时间序列处于无序振荡的状态，无明显周期性的特征，说明此时激光器处于混沌态。而出现此类现象的原因是由于反馈的外腔模与腔内的弛豫振荡相互竞争的结果。图 8-2（b）、（f）显示了对应的功率谱图，功率谱呈均匀展宽分布，无明显峰值，验证了上述的时间序列处于混沌态。图 8-2（c）、（g）给出了吸引子图，其中 x 轴表示输出光强，y 轴表示载流子数，该图展现出奇异吸引子，说明此时 SRL1 已经进入混沌态。同时，利用自相关函数式（8-8）计算了时间延迟为[– 10 ns，10 ns]范围内自相关系数的值。图 8-2（d）、（h）展示了对应的自相关分布，自相关在时间移动为 ± 5 ns 和 ± 8 ns 处出现了极值，对于 CW 方向，自相关系数的绝对值分别为 0.24 和 0.18，而对于 CCW 方向，相关系数的绝对值分别为 0.2 和 0.31。这些极值的出现是由于时间延迟反馈引起的，也就是说每经过时间间隔 τ，外腔的光将会反馈回腔内，使的总的输出表现出了较强的时延特征。由于较强的时延特征为第三方窃取信息提供了可能，为了提高通信安全性，下面将在交叉反馈的基础上加入自反馈来抑制时延信息。

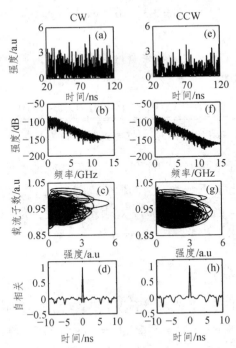

图 8-2　SRL1 在交叉光反馈下的两个模式的输出特性[（a）和（e）为波形；（b）和（f）为功率谱；（c）和（g）为吸引子图；（d）和（h）为自相关图]

　　研究了 SRL1 在交叉光反馈加自反馈的情况下产生的混沌时间序列的特性。图 8-3 给出了参数取值为 $\eta_1 = 5\ \text{ns}^{-1}$，$\eta_2 = 8\ \text{ns}^{-1}$，$\eta_3 = 4.6\ \text{ns}^{-1}$，$T_1 = 5\ \text{ns}$，$T_2 = 8\ \text{ns}$，$T_3 = 9\ \text{ns}$ 时两个方向输出的时间序列、功率谱和自相关图。从时间序列[图 8-3（a）、（e）]、功率谱[图 8-3（b）、（f）]和吸引子图[图 8-3（c）、（g）]可以看出此时激光器仍然工作在混沌态。图 8-3（d）、（h）给出了两个模式的自相关分布图，与图 8-2（d）、（h）相比，±5 ns 和 ±8 ns 处的相关系数的绝对值明显减小，说明加入自反馈后信号的时延被减弱，第三方不容易破解混沌信息。由于引入多个反馈后的激光器系统比较复杂，相关性变小的具体物理原因还有待解释[24]，但是自反馈的反馈时间不能是交叉反馈延时的整数倍，通过模拟发现这种情况会增加混沌信号的时延特征。下面将研究 SRL1 产生的混沌信号注入到 SRL2 后两个激光器的同步情况。

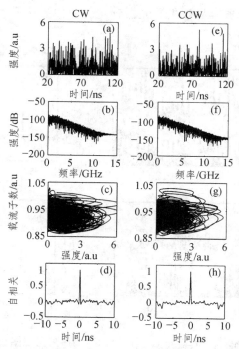

图 8-3　SRL1 在交叉光反馈和自反馈下的两个模式输出的特性[（a）和（e）为波形；（b）和（f）为功率谱；（c）和（g）为吸引子图；（d）和（h）为自相关图]

　　研究了两种不同注入系数时，SRL1 与 SRL2 的混沌时间序列的同步特性。图 8-4 和图 8-5 给出了混沌时间序列的同步图和相应的互相关系数分布。当 k_{inj} = 10 ns^{-1}时，如图 8-4（a）、（b）所示，P$_1$ 和 P$_3$ 代表了 SRL1 的 CW 与 CCW 方向输出时间序列，P$_2$ 和 P$_4$ 代表了 SRL2 的 CW 与 CCW 方向输出时间序列，可以看出 P1 与 P3，P2 与 P4 不具有相似性，并且由对应的互相关系数分布图[图 8-4（c）、（d）]所示，在注入延时处（3 ns）仅仅只有 0.5 左右，因此对于较小的注入系数，同步质量较差。而当 k_{inj} = 50 ns^{-1}时，如图 8-5（a）、（b）所示，考虑时间延迟 3 ns 后，P$_1$ 与 P$_3$，P$_2$ 与 P$_4$ 几乎一致，并且由对应的互相关系数图[图 8-5（c）、（d）]所示，在注入延时处（3 ns）达到了 0.94，因此对于较强的光注入，同步质量较好。而较大的注入系数容易出现较高的同步系数的物理原因是由于注入锁定的作用，在主激光器较强的注入下，从激光器容易被主激光器锁定，而使主从激光器输出的混沌信号一致。

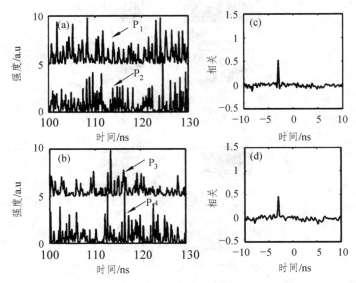

图 8-4　k_{inj} = 10 ns^{-1}，Δf = − 5 GHz 时混沌时间序列同步图及对应的互相关图
[（a）和（b）分别为 CW 与 CCW 模式的同步图；
（c）和（d）分别为 CW 与 CCW 模式的互相关图]

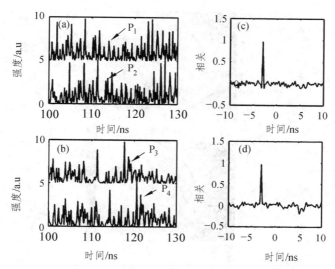

图 8-5 $k_{inj} = 50 \text{ ns}^{-1}$，$\Delta f = -5$ GHz 时混沌时间序列同步图及对应的互相关图
[（a）和（b）分别为 CW 与 CCW 模式的同步图；
（c）和（d）分别为 CW 与 CCW 模式的互相关图]

　　为了全面掌握注入参数对同步性能的影响，图 8-6 给出了互相关系数（CC）在频率失谐和注入系数构成的参数空间中的映射图，其中频率失谐的变化范围为[−15 GHz，15 GHz]，注入系数的变化范围为[0，120 ns⁻¹]。并且图中用黑线标出了同步系数高于 0.9 的区域。如图 8-6 所示，CW 方向与 CCW 方向的同步系数随注入参数的演化规律相似，当注入系数小于 30 ns⁻¹ 时，互相关系数普遍低于 0.9，而且对于较大的频率失谐，同步系数较小，对于较小的频率失谐值，同步系数较大。这是由于当注入系数相对较小时，较大的频率失谐会导致从激光器不易被主激光器锁定，从激光器的非线性作用使得同步系数较低。当注入系数大于 30 ns⁻¹ 时，出现了大范围的互相关系数大于 0.9 的情况，此时同步性能较好。因此，在实际混沌同步通信的过程中，在一定的频率失谐范围内，选择较大的注入系数可以保证同步质量。

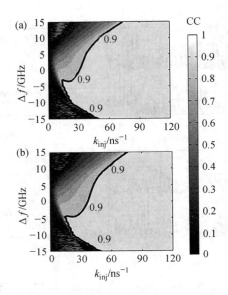

图 8-6　频率失谐和注入系数参数空间中的互相关系数分布图
[（a）CW 模式同步系数分布图；（b）CCW 模式同步系数分布图]

8.4　结　论

　　本章研究了两个 SRL 混沌同步的性能，当主 SRL1 处于交叉反馈下，$\eta_1 = 5\ \text{ns}^{-1}$，$\eta_2 = 8\ \text{ns}^{-1}$，$T_1 = 5\ \text{ns}$，$T_2 = 8\ \text{ns}$ 时，SRL1 的输出处于混沌态，但是时延特征明显。通过引入自反馈 $\eta_3 = 4.6\ \text{ns}^{-1}$，$T_3 = 9\ \text{ns}$ 时，时延特征被有效抑制。当主激光器的低时延特征的混沌信号注入到从激光器，在注入系数 $k_{\text{inj}} = 10\ \text{ns}^{-1}$，$\Delta f = -5\ \text{GHz}$ 时，主副激光器的同步性能较差。注入系数增加到 $k_{\text{inj}} = 50\ \text{ns}^{-1}$ 时时延处的互相关系数达到了 0.94，同步性能较好，说明通过增加注入系数可以增强同步性能。此外，通过大范围扫描注入参数发现，在较小的注入系数下，同步性能较差。当注入系数大于 $30\ \text{ns}^{-1}$ 时，大范围的同步系数达到了 0.9 以上，因此选择较大的注入系数可以保障同步质量。本章的研究可为 SRL 在实际保密通信中的应用提供一些理论支持。

参考文献

[1] 王彩霞, 毕进子, 田云云, 等. 1.2 μm 半导体激光在皮肤伤口愈合的实验研究[J]. 应用激光, 2020, 40（1）: 181-186.

[2] 崔陆军, 于计划, 郭士锐, 等. 直接输出半导体激光熔覆截齿表面的组织与磨损性能研究[J]. 应用激光, 2019, 39（6）: 928-933.

[3] SORIANO M C, GARCIA-OJALVO J, MIRASSO R. et al. Complex photonics: Dynamics and applications of delay-coupled semiconductors lasers[J]. Reviews of Modern Physics, 2013, 85（1）: 421-470.

[4] KE J X, YI L L, XIA G Q, et al. Chaotic optical communications over 100-km fiber transmission at 30-Gb/s bit rate[J]. Optics Letters, 2018, 43（6）: 1323-1326.

[5] SCIAMANNA M, SHORE K A. Physics and applications of laser diode chaos[J]. Nature Photonics, 2015, 9（3）: 151-162.

[6] KELLEHER B, WISHON M J, LOCQUET A, et al. Delay induced high order locking effects in semiconductor lasers[J]. Chaos, 2017, 27（11）: 114325-1-114325-9.

[7] ARGYRIS A, SYVRIDS D, LARGER L, et al. Chaos-based communications at high bit rates using commercial fibre-optic links[J]. Nature, 2005, 437（66）: 343-346.

[8] LIU B C, XIE Y Y, LIU Y Z, et al. A novel double masking scheme for enhancing security of optical chaotic communication based on two groups of mutually asynchronous VCSELs[J]. Optics & Laser Technology, 2018, 107（8）: 122-130.

[9] KUSUMOTO K, OHTSUBO J. Anticipating synchronization based on optical injection-locking in chaotic semiconductor lasers[J]. IEEE Journal of Quantum Electronics, 2003, 39（12）: 1531-1536.

[10] SHAHVERDIE E M, SIVAPRAKASAM S, SHORE K A. Lag synchronization in time-delayed systems[J]. Physical Review, 2002, 292（6）: 320-324.

[11] LI M, HONG Y F, SONG Y J, et al. Effect of controllable parameter synchronization on the ensemble average bit error rate of space-to-ground downlink chaos laser communication system[J]. Optics Express, 2018, 26（3）: 2954-2962.

[12] JIN X Q, GIDDINGS R P, HUGUES-SALAS E, et al. Real-time experimental demonstration of optical OFDM symbol synchronization in directly modulated DFB laser-based 25 km SMF IMDD systems[J]. Optics Express, 2010, 18（20）: 21100-21110.

[13] FUJIWARA N, TAKIGUCHI Y, OHTSUBO J. Observation of the synchronization of chaos in mutually injected vertical-cavity surface-emitting semiconductor lasers[J]. Optics Letters, 2004, 28（18）: 1677-1679.

[14] HONG Y H, LEE M W, SPENCER P, et al. Synchronization of chaos in unidirectionally coupled vertical-cavity surface-emitting semiconductor lasers[J]. Optics Letters, 2004, 29（11）: 1215-1217.

[15] PÉREZ T, SCIR A, VAN D S G, et al. Bistability and all-optical switching in semiconductor ring lasers[J]. Optics Express, 2007, 15（20）: 12941-12948.

[16] GAETAN F, VAN D S G, MULHAM K, et al. Stability of steady and periodic states through the bifurcation bridge mechanism in semiconductor ring lasers subject to optical feedback[J]. Optics Express, 2017, 25（1）: 339-350.

[17] JAVALOYES J, BALLE S. All-optical directional switching of bistable semiconductor ring lasers[J]. IEEE Journal of Quantum Electronics, 2011, 47（8）: 1078-1085.

[18] MASHA L, NGUIMDO R M, VAN D S G, et al. Low-frequency fluctuations in semiconductor ring lasers with optical feedback[J]. IEEE Journal of Quantum Electronics, 2013, 49（9）：790-797.

[19] NGUIMDO R M, VERSCHAFFELT G, DANCKAERT J, et al. Loss of time-delay signature in chaotic semiconductor ring lasers[J]. Optics Letters, 2012, 37（13）：2541-2543.

[20] LI S S, LI X Z, ZHUANG J P, et al. Square-wave oscillations in a semiconductor ring laser subject to counter-directional delayed mutual feedback[J]. Optics Letters, 2016, 41（4）：812-815.

[21] LI N Q, PAN W, XIANG S Y, et al. Hybrid chaos-based communication system consisting of three chaotic semiconductor ring lasers[J]. Applied Optics, 2013, 52（7）：1523-1530.

[22] 王顺天，吴正茂，吴加贵，等. 基于半导体环形激光器的高速双向双信道混沌保密通信[J]. 物理学报, 2015, 64（15）：154205-1-154205-11.

[23] SOREL M, GIULIANI G, SCIR   A, et al. Operating regimes of GaAs-AlGaAs semiconductor ring Lasers：experiment and model[J]. IEEE Journal of quantum electronics, 2003, 39（10）：1187-1195.

[24] WU J G, XIA G Q, WU Z M. Suppression of time delay signatures of chaotic output in a semiconductor laser with double optical feedback[J]. Optics Express, 2009, 20（17）：20124-20133.

9　基于半导体激光器的混沌安全保密通信

9.1　引　言

半导体激光器在外部光反馈、光电反馈和光注入下可产生单周期、多周期和混沌等丰富的动力学态[1-3]。其中，光学混沌由于具有对初始条件的极度敏感性和高度的无序性而可用在随机数产生、混沌激光雷达、光学逻辑门和安全保密通信中[4-7]。成功实现混沌安全保密通信的前提是要求发射激光器与接收激光器的混沌同步，即发射器产生的混沌信号与接收端的混沌信号完全相似。自从 1990 年 PECORA 和 CARROLL 等人首次提出了混沌同步的概念后[8]，基于半导体激光器产生的光学混沌在保密通信中的研究已经有大量报道[9-15]。例如，2005 年，ARGRIS 等人首次在雅典地铁网络中实现了基于马赫-曾德尔调制器的混沌光保密通信实验，成功实现了速度为 2.4 Gb/s、距离大于 120 km 的信息传输[12]。2010 年，LAVROV 等人基于马赫-曾德尔干涉仪实现了距离在 100 km 以上的混沌光通信传输，传输速度提高到了 10 Gb/s[13]。2017 年，UCHINA 课题组于报道了一种新的光混沌键控系统，他们将二进制消息嵌入到混沌光波中并利用光纤电缆进行传输，在接收机处使用与发射激光器同步的混沌激光成功进行了解码[14]。2018 年，KE 等人报道了距离大于 100 km、传输速度大于 30 Gb/s 的高速混沌光安全通信系统[15]。

半导体环形激光器（SRL）由于其特殊的谐振腔结构而在光子集成电路中得到了广泛的应用[16]。SRL 有源腔的圆形几何结构允许该激光器在 2 种可能的模式工作，即顺时针（CW）和逆时针（CCW）模式[17, 18]。2003 年 SOREL 等人首先提出了基于 GaAs-ALGaAs 材料的 SRL 的理论模型，该模型成功地解释了实验中所观察到的 2 种模式的竞争现象[19]。然而，现有的关于 SRL 的研究大都集中在这 2 种模式的模式竞争和动力学上面[20-27]，关于混沌同步通信的研究还较少。由于 SRL 有 2 种工作模式，这为双路混沌保密通信提供了可能。本章利用 3 个半导体环形激光器建立双路混沌保密通信体系，即首先利用光反馈技术使得驱动 SRL 激光器工作在混沌态，然后将混沌光注入到 2 个响应 SRL 激光器中并进行同步。成功同步后利用非归零的二进制码进行保密通信性能测试。

9.2　理论模型

基于 3 个 SRL 的混沌保密通信的示意图如图 9-1 所示。D-SRL 表示 D-SRL，R-SRL1 和 R-SRL2 表示 2 个 R-SRL。其中，CW 和 CCW 表示 2 种工作模式，D-SRL 在交叉反馈和自反馈的情况下产生混沌信号，然后注入到 R-SRL1 和 R-SRL2 中，R-SRL1 和 R-SRL2 实现混沌同步。左侧 m_1 和 m_2 表示加进去的 2 路非归零的二进制码，右侧 m_1 和 m_2 为 2 路同步后解译出的二进制码。考虑每个激光器的电场强度和载流子数后，基于 3 个 SRL 的混沌保密通信的激光器速率方程可以表示为[19]

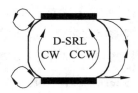

（a）驱动 SRL 反馈图

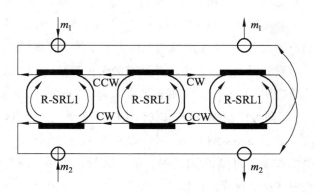

（b）三个 SRL 连接图

图 9-1　SRLs 双路混沌通信示意图

$$\frac{\mathrm{d}E_{\mathrm{CW}}^{\mathrm{D}}}{\mathrm{d}t} = \kappa(1+\mathrm{i}\alpha)[g_{\mathrm{CW}}^{\mathrm{D}}N^{\mathrm{D}}-1]E_{\mathrm{CW}}^{\mathrm{D}}-(k_{\mathrm{d}}+\mathrm{i}k_{\mathrm{c}})E_{\mathrm{CCW}}^{\mathrm{D}}+$$
$$K_1 E_{\mathrm{CCW}}^{\mathrm{D}}(t-T_1)\mathrm{e}^{-\mathrm{i}\omega T_1}+K_3 E_{\mathrm{CW}}^{\mathrm{D}}(t-T_3)\mathrm{e}^{-\mathrm{i}\omega T_3} \qquad (9\text{-}1)$$

$$\frac{dE_{CCW}^D}{dt} = \kappa(1+i\alpha)[g_{CCW}^D N_1 - 1]E_{CCW}^D - (k_d + ik_c)E_{CW}^D +$$
$$K_2 E_{CW}^D(t-T_2)e^{-i\omega T_2} + K_3 E_{CCW}^D(t-T_3)e^{-i\omega T_3} \tag{9-2}$$

$$\frac{dE_{CW}^{R_1,R_2}}{dt} = \kappa(1+i\alpha)[g_{CW}^{R_1,R_2} N^{R_1,R_2} - 1]E_{CW}^{R_1,R_2} -$$
$$(k_d + ik_c)E_{CCW}^{R_1,R_2} + k_{inj}E_{CW}^D e^{i(2\pi\Delta ft - \omega\tau)} \tag{9-3}$$

$$\frac{dE_{CCW}^{R_1,R_2}}{dt} = \kappa(1+i\alpha)[g_{CCW}^{R_1,R_2} N^{R_1,R_2} - 1]E_{CCW}^{R_1,R_2} -$$
$$(k_d + ik_c)E_{CW}^{R_1,R_2} + k_{inj}E_{CCW}^D e^{i(2\pi\Delta ft - \omega\tau)} \tag{9-4}$$

$$\frac{dN^{D,R_1,R_2}}{dt} = \gamma[\mu^{D,R_1,R_2} - N^{D,R_1,R_2} - g_{CW}^{D,R_1,R_2} N^{D,R_1,R_2} \left|E_{CW}^{D,R_1,R_2}\right|^2 -$$
$$g_{CCW}^{D,R_1,R_2} N^{D,R_1,R_2} \left|E_{CCW}^{D,R_1,R_2}\right|^2] \tag{9-5}$$

$$g_{CW}^{D,R_1,R_2} = (1 - s\left|E_{CW}^{D,R_1,R_2}\right|^2 - m\left|E_{CCW}^{D,R_1,R_2}\right|^2) \tag{9-6}$$

$$g_{CCW}^{D,R_1,R_2} = (1 - s\left|E_{CCW}^{D,R_1,R_2}\right|^2 - m\left|E_{CW}^{D,R_1,R_2}\right|^2) \tag{9-7}$$

其中，E 表示电场强度，N 表示载流子数，g 表示增益系数，t 表示时间变量。上标 D、R_1 和 R_2 分别表示驱动 SRL 和 2 个响应 SRL，K_1、K_2 为 D-SRL 的交叉反馈速率，其中 K_1 表示 CCW 模反馈到 CW 模的速率，K_2 表示 CW 模反馈到 CCW 模的速率。$T_{1,2}$ 为反馈延迟时间，K_3 为自反馈速率，T_3 为自反馈时间，k_{inj} 表示注入系数，Δf 表示频率失谐。其余的仿真参数如表 9-1 所示。

表 9-1　SRL 的仿真参数

参数	物理含义	取值
κ	电场衰减率	$0.1\ ps^{-1}$
γ	载流子衰减率	$0.2\ ns^{-1}$
s	自饱和系数	5×10^{-3}
m	互饱和系数	1×10^{-2}

参数	物理含义	取值
k_d	耗散系数	$3.3 \times 10^{-2}\,\mathrm{ns}^{-1}$
k_c	保守系数	$0.44\,\mathrm{ns}^{-1}$
α	线宽增强因子	3.5
τ	注入光的飞行时间	3 ns
μ	归一化偏置电流	1.4
ω	自由运行角频率	$1.216\,1 \times 10^{15}\,\mathrm{Hz}$

为了衡量混沌信号的时间延迟特征和同步质量的好坏，本文采用自相关函数和互相关函数来进行量化，自相关函数的数学定义式为

$$C(\Delta t) = \frac{\left\langle \left[x_1(t) - \langle x_1(t) \rangle \right] \left[x_{2s}(t) - \langle x_{2s}(t) \rangle \right] \right\rangle}{\sqrt{\left\langle \left[x_1(t) - \langle x_1(t) \rangle \right]^2 \right\rangle \left\langle \left[x_{2s}(t) - \langle x_{2s}(t) \rangle \right]^2 \right\rangle}} \tag{9-8}$$

其中，$x_1(t)$ 和 $x_2(t)$ 为任意 2 个向量，下标 s 表示移动了时间 Δt，$\langle \cdot \rangle$ 表示时间平均。当 $x_1(t)$ 和 $x_2(t)$ 相等时，C 为自相关；当 $x_1(t)$ 和 $x_2(t)$ 不相等时，C 为互相关。为区分 2 种相关，本章用 AC 和 CC 分别表示自相关（AC）和互相关（CC）。

光在光纤中传播满足非线性薛定谔方程为

$$\mathrm{i}\frac{\partial P}{\partial l} = -\frac{\mathrm{i}}{2}\xi P + \frac{1}{2}\varepsilon \frac{\partial^2 P}{\partial H^2} - \eta |P|^2 P \tag{9-9}$$

其中，P 为电场振幅，ξ 为光纤损耗系数，ε 为光纤色散系数，η 为光纤非线性系数，l 为传输距离，H 为环境温度。此外，采用 Q 因子来进行评估通信质量的好坏，Q 因子的计算如式（9-10）所示：

$$Q = \frac{\overline{W}_1 - \overline{W}_0}{\sigma_1 - \sigma_0} \tag{9-10}$$

其中，$\overline{W}_1$ 和 $\overline{W}_0$ 分别为比特 1 和 0 的平均功率，σ_1 和 σ_0 分别为比特 1 和 0 的功率标准差。

9.3 结果与分析

9.3.1 D-SRL 产生混沌信号

D-SRL 在自反馈下的时间序列及自相关值随时间的分布如图 9-2 所示。自反馈参数分别为 $K_3 = 10\ \text{ns}^{-1}$、$T_3 = 9\ \text{ns}$。图 9-2（a）、（c）是 2 种模式下输出的时间序列混沌态图。在此反馈参数下，D-SRL 输出的时间序列显示出无序的振荡状态，无明显的周期性，说明此激光器已经进入了混沌态。外光反馈引起的激光器动力学的改变已经有大量的报道[3-6]，产生的物理原因是由于外腔模与腔内模共同竞争的结果。自相关值随延迟时间的分布如图 9-2（b）、（d）所示，这里只考虑了时间移动从 – 10 ns 到 10 ns 的情况。2 种模式的自相关分布几乎相同，这是由于对称的自反馈引起的。自相关在 ±9 ns 和 0 ns 处出现了极值，0 处的极值 1 是由于自身相关造成的，而 ±9 ns 处的极值是由于反馈延时造成的，相关值为 0.6，为强相关，时延特征明显。较强时延特征的混沌信号将影响混沌保密通信的安全性，为了消除此时延，本章在自反馈的基础上再引入交叉反馈，通过 2 种反馈的共同作用来消除时延。

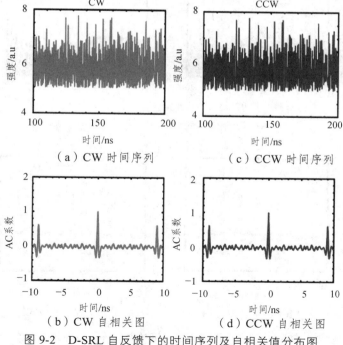

图 9-2　D-SRL 自反馈下的时间序列及自相关值分布图

D-SRL 在自反馈和互反馈作用下的时间序列及自相关分布图如图 9-3 所示。反馈参数分别为 $K_1 = 8 \, ns^{-1}$、$T_1 = 5 \, ns$、$K_2 = 7 \, ns^{-1}$ 和 $T_1 = 8 \, ns$。图 9-3 （a）、（c）是 2 种模式下输出的时间序列混沌态图。由于多个反馈的引入，混沌时间序列的复杂程度明显变高。图 9-3（b）、（d）是 2 种模式的自相关分布图。可以看出，与图 9-2（b）、（d）相比，$\pm 9 \, ns$ 处由反馈引起的峰值被明显压低了，并且除了图 9-3（d）中 $\pm 8 \, ns$ 处的相关系数的值为 0.18 以外（弱相关），混沌信号已经无明显时延特征。这是由于互反馈的加入使得腔内出现了多个模式的竞争，使混沌信号复杂度变高而降低了时延特征。对于低时延特征的混沌信号，第三方窃听者不易重构激光器参数，因而也不容易破解混沌信号所携带的通信信息。接下来将此低时延的混沌信号注入到 2 个 R-SRL 中，研究 D-SRL 与 R-SRL1，R-SRL2 的同步情况。

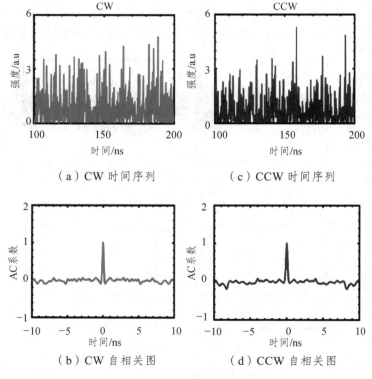

图 9-3　D-SRL 在自反馈与互反馈下的时间序列及自相关分布图

9.3.2　D-SRL 与 R-SRL 的同步

展示了 D-SRL 与 R-SRL1、R-SRL2 互相关系数随时间的分布如图 9-4（a）、（b）所示。可以看出，在 – 3 ns 处出现了一个峰值（相关系数），峰值为 0.81。此处出现峰值的原因是由于注入时延引起的，可以看出 D-SRL 与 R-SRL 的同步系数不高，因此不能用来进行混沌保密通信。R-SRL1 与 R-SRL2 的互相关图如图 9-4（c）所示，2 个 R-SRL 输出的时间序列具有较好的同步性能，在时间为 0 处出现的相关系数极值接近 1，因此可以利用 2 个 R-SRL 进行混沌保密通信。由于 D-SRL 与 R-SRL 的同步系数不高，第三方就不容易破解混沌信号。接下来，本章将利用 2 个 R-SRL 进行混沌保密通信，选择 CW 和 CCW 2 个信道，同步的信号为非归零的二进制随机码。

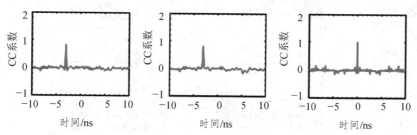

（a）D-SRL 与 R-SRL1　（b）D-SRL 与 R-SRL2　（c）R-SRL 与 R-SRL2

图 9-4　互相关系数随时间的分布图

9.3.3　传输距离对通信质量的影响

传输距离为 20 km 时 R-SRL1 与 R-SRL2 的混沌保密通信图如图 9-5 所示。D-SRL 和 R-SRL 的参数与图 9-3 中的参数相同。其中，速率为 2 Gb/s 的非归零二进制随机信号如图 9-5（a）、（f）所示，在 R-SRL1 的 2 种模式输出的时间序列上加上信号后输出的时间序列如图 9-5（b）、（g）所示。从如图 9-5（c）、（h）可以看出，信号光强度与输出混沌光强度的比值作无规则振荡，看不出任何有关于信号的相关特征，信号被成功地隐藏到了混沌时间序列中，第三方窃听者不易从该时间序列中破解出传递信号。从 R-SRL2 处解调出的二进制信号如图 9-5（d）、（i）所示，因为 R-SRL1 与 R-SRL2 是同步的，与图 9-5（a）、（f）相比，信号的扭曲变形主要是由于光纤中的色散损耗和非线性扭曲引起的；眼图如图 9-5（e）、（j）所示，眼图清晰可见，说明通信质量较高。

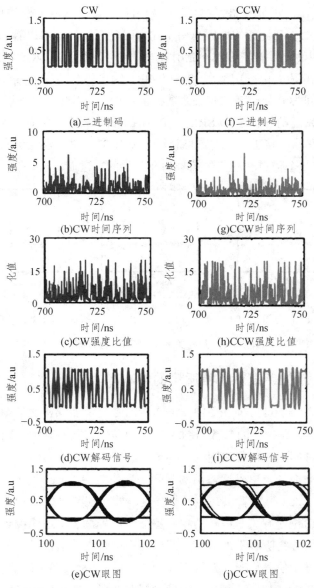

图 9-5　传输距离为 20 km 时 R-SRL1 与 R-SRL2 的混沌保密通信图

当信号传输距离分别为 60 km 和 120 km 时，CW 和 CCW 双路混沌保密通信的眼图如图 9-6 所示。当传输距离增加到 60 km 时，CW 和 CCW 2 种模式通信的眼图质量有所下降，这是由于随着传输距离的增加，光纤中的非线性介质对光信号的扭曲累积增加所致。但眼图中间部分依然清晰，能够满足混沌保密通信需求。当传输距离增加到 120 km 时，眼图质量进一步下降。

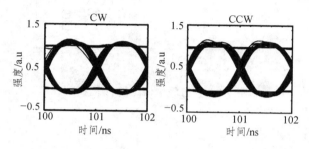

（a）CW 模 60 km 眼图　（b）CCW 模 60 km 眼图

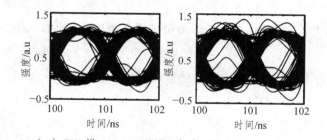

（c）CW 模 120 km 眼图　（d）CCW 模 120 km 眼图

图 9-6　传输距离为 60 km 和 120 km 时 2 种模式上的眼图

Q 因子随传输距离的变化曲线如图 9-7 所示。当传输距离小于 20 km 时，Q 因子保持在 14 以上。当传输距离大于 20 km 时，Q 因子随着传输距离的增加逐渐下降。但即使当传输距离增加到 130 km 时，Q 因子仍然保持在 6 以上，相应的误码率低于 10^{-9}。这说明该系统具有远程混沌保密通信的能力，不需要中转站来增加成本。

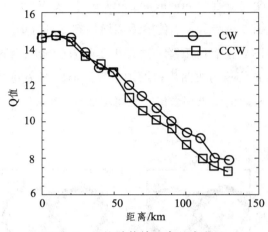

图 9-7 　Q 值随传输距离的变化图

9.4　结　论

　　本章研究了 3 个 SRL 构成的双路混沌保密通信系统的特性。当 D-SRL 仅在自反馈作用下时，产生的混沌信号时延特征较强，不利于安全保密通信。引入交叉反馈后，混沌信号的质量得到了明显的改善。用 D-SRL 的输出信号来驱动 2 个 R-SRL，发现 D-SRL 与 R-SRL1、R-SRL2 的同步系数仅有 0.81。但 R-SRL1 与 R-SRL2 的输出混沌信号的同步系数近似等于 1，这表明利用 2 个 R-SRL 可以顺利完成安全保密通信，并且信号的传输是单路的，不易被第三方破解。最后讨论了传输距离对通信质量的影响，并用品质因子 Q 进行了量化，量化结果表明采用这种方案进行远距离安全保密通信是可行的。

参考文献

[1]　YAN S L. Period-control and chaos-anti-control of a semiconductor laser using the twisted fiber[J]. Chinese Physics B, 2016, 25（9）: 257-263.

[2]　CHEN J J, DUAN Y N, LI L F, et al. Wideband polarization-resolved chaos with time-delay signature suppression in VCSELs subject to dual chaotic optical injections[J]. IEEE Access, 2018, 6（1）: 66807-66815.

[3] LIN F Y, LIU J M. Nonlinear dynamics of a semiconductor laser with delayed negative optoelectronic feedback[J]. IEEE Journal Quantum Electronics, 2003, 39（4）: 562-568.

[4] UCHIDA A, AMANO K, INOUE M, et al. Fast physical random bit generation with chaotic semiconductor lasers[J]. Nature Photonics, 2008, 2（12）: 728-732.

[5] VIRTE M, MERCIER E, THIENPONT H, et al. Physical random bit generation from chaotic solitary laser diode[J]. Optics Express, 2014, 22（14）: 17271-17280.

[6] LIN F Y, LIU J M. Chaotic radar using nonlinear laser dynamics[J]. IEEE Journal of Quantum Electronics, 2004, 40（6）: 815-820.

[7] CHLOUVERAKIS K E, ADAMS M J. Optoelectronic realization of NOR logic gate using chaotic two-section lasers[J]. Electronics Letters, 2005, 41（6）: 359-360.

[8] PECORA L M, CARROLL T L. Synchronization in chaotic systems[J]. Controlling Chaos, 1996, 6（8）: 142-145.

[9] OHTSUBO J. Chaos synchronization and chaotic signal masking in semiconductor lasers with optical feedback[J]. IEEE Journal of Quantum Electronics, 2002, 38（9）: 1141-1154.

[10] LIU J M, CHEN H F, TANG S. Synchronized chaotic optical communications at high bit rates[J]. IEEE Journal of Quantum Electronics, 2002, 38（9）: 1184-1196.

[11] JIANG N, PAN W, YAN L, et al. Chaos synchronization and communication in mutually coupled semiconductor lasers driven by a third laser[J]. Journal of Lightwave Technology, 2010, 28（13）: 1978-1986.

[12] ARGYRIS A, SYVRIDIS D, LARGER L, et al. Chaos-based communications at high bit rates using commercial fibre-optic links[J]. Nature, 2005, 438（7）: 343-346.

[13] LAVROV R, JACQUOT M, LARGER L. Nonlocal nonlinear electro-optic phase dynamics demonstrating 10 Gb/s chaos communications[J]. IEEE Journal of Quantum Electronics, 2010, 46（10）: 1430-1435.

[14] LAWRANCE A J, PAPAMARKOU T, UCHIDA A. Synchronized laser chaos communication : statistical investigation of an experimental system[J]. IEEE Journal of quantum Electronics, 2017, 53（2）: 210-214.

[15] KE J X, YI L L, XIA G Q, et al. Chaotic optical communications over 100-km fiber transmission at 30-Gb/s bit rate[J]. Optics Letters, 2018, 43（6）: 1323-1326.

[16] KRAUSS T, LAYBOURN P J R, ROBERTS J. Cw operation of semiconductor ring lasers[J]. Electronics Letters, 1990, 26（25）: 2095-2097.

[17] PÉREZ T, SCIRÈ A, VAN D S G, et al. Bistability and all-optical switching in semiconductor ring lasers[J]. Optics Express, 2007, 15（20）: 12941-12948.

[18] GAETAN F, VAN D S G, MULHAM K, et al. Stability of steady and periodic states through the bifurcation bridge mechanism in semiconductor ring lasers subject to optical feedback[J]. Optics Express, 2017, 25（1）: 339-350.

[19] SOREL M, GIULIANI G, SCIRÈ A. Operating regimes of GaAs-AlGaAs semiconductor ring lasers: experiment and model[J]. IEEE Journal of Quantum Electronics, 2003, 39（10）: 1187-1193.

[20] JAVALOYES J, BALLE S. All-optical directional switching of bistable semiconductor ring lasers[J]. IEEE Journal of Quantum Electronics, 2011, 47（8）: 1078-1085.

[21] MASHA L, NGUIMDO R M, VAN D S G, et al. Low-frequency fluctuations in semiconductor ring lasers with optical feedback[J]. IEEE Journal of Quantum Electronics, 2013, 49（9）: 790-797.

[22] NGUIMDO R M, VERSCHAFFELT G, DANCKAERT J, et al. Loss of time-delay signature in chaotic semiconductor ring lasers[J]. Optics Express, 2012, 37（13）: 2541-2543.

[23] LI S S, LI X Z, ZHUANG J P, et al. Square-wave oscillations in a semiconductor ring laser subject to counter-directional delayed mutual feedback[J]. Optics Letters, 2016, 41（4）: 812-815.

[24] SUNADA S, HARAYAMA T, ARAI K, et al. Random optical pulse generation with bistable semiconductor ring lasers[J]. Optics Express, 2011, 19（8）: 7439-7450.

[25] MASHAL L, VAN D S G, GELENS L, et al. Square-wave oscillations in semiconductor ring lasers with delayed optical feedback[J]. Optics Express, 2012, 20（20）: 22503-22516.

[26] LI N Q, NGUIMDO R M, LOCQUET A, et al. Enhancing optical-feedback-induced chaotic dynamics in semiconductor ring lasers via optical injection[J]. Nonlinear Dynamics, 2018, 92（2）: 315-324.

[27] VERSCHAFFELT G, KHODER M, VAN D S G. Optical feedback sensitivity of a semiconductor ring laser with tunable directionality[J]. Photonics, 2019, 6（4）: 112-115.